始于劳作 成于创造

中华古代科技智慧知与行

主 编

孙 青

编写组

孙 青　王耀斌　杨解蔚

吴春辉　辛琳华　沈 洁

梁 晨

上海教育出版社
SHANGHAI EDUCATIONAL
PUBLISHING HOUSE

图书在版编目（CIP）数据

始于劳作 成于创造：中华古代科技智慧知与行 /
孙青主编. — 上海：上海教育出版社，2021.6
ISBN 978-7-5720-1013-2

Ⅰ.①始… Ⅱ.①孙… Ⅲ.①科学技术－技术史－中
国－古代－青少年读物 Ⅳ.①N092-49

中国版本图书馆CIP数据核字(2021)第129534号

责任编辑　张瑾之　翁志轩
封面设计　徐　蓉
版式设计　周　吉

始于劳作 成于创造：中华古代科技智慧知与行
孙　青　主编

出版发行　上海教育出版社有限公司
官　　网　www.seph.com.cn
地　　址　上海市永福路123号
邮　　编　200031
印　　刷　上海颛辉印刷厂有限公司
开　　本　787×1092　1/16　印张 8
字　　数　100 千字
版　　次　2021年6月第1版
印　　次　2021年6月第1次印刷
书　　号　ISBN 978-7-5720-1013-2/G·0796
定　　价　75.00 元

如发现质量问题，读者可向本社调换　电话：021-64377165

序

中华古代文明成就灿若星河。许多科技成果对世界文明发展进程、人民生产生活水平提高具有不同影响和密切关联，它们无声地丰富着生活、改变着生活，是创造却不仅止于创造。

当"桔槔""辘轳""独轮车"这些凝聚着中华古代科技智慧的劳动工具，通过科普活动在学生手中重现，继而燃起学生对相关典故、原理、价值与文化的好奇时，将会进一步激活广大学生对于中华文明的探究热情，从而催生新生代的创造智慧。

上海市杨浦区青少年科技站（以下简称"少科站"）在本站开发的科普通识实验课的基础上，沿着"古代农具""古代兵器""古代纺织品""古代日用品"等文明脉络，从浩如烟海的科技文明成果中撷取一部分，串珠成链，最终形成了这些既各自独立又有着某些相互关联的篇章。我们祈愿本书选取的"农耕机具"和"测量工具"两大类别共计十二个中华文明成果，依托"博学于文、博物致知、博古通今、博识广践"四个板块，以古文的精深、线描的韵律、技术的追溯，记录我们祖先勤劳而又智慧的漫长岁月，让青少年在动手实践中还原古代劳动人民的生活片段，深入了解劳动创造的不凡成就。这既是对中华古代科技发展的溯源，也是对我们祖先劳动精神和创造精神的致敬。

在科学技术飞速发展的今天，随着中华民族日益强盛，新时代的教育工作者在成为现代文明生活受益者的同时，更有义务当好中华文明的传播者和新生代的启智者。本书是杨浦校外科技教育工作者立足区域青少年综合素养培育的潜心探索，旨在引导广大学生从学习古代典籍到追寻中华传统文化和科学的融通之处；从制作还原模型到探究科学基础原理；从体验劳作不易到叹服中华智慧；从提升技能技巧到感悟劳动精神……

新时代赋予教育新使命。中共中央、国务院印发的《关于深化教育教学改革 全面提高义务教育质量的意见》中明确提出"五育"并举相关要求，其中的劳动教育既指向培育青少年劳动实践技能，又重视培养劳动创造精神、弘扬中华传统智慧。《始于劳作 成于创造》一书既独立成册、自成篇章，又与即将出版的《始于传承 成于创新》《始于生活 成于创意》共同组成"中华古代科技智慧知与行"完整系列。本书融古代科技智慧和探究实践于一体，希望通过此书传承中华民族的勤劳智慧美德，发扬创新创造精神，探索区域青少年科技教育与劳动教育共融共促的新模式，让杨浦乃至更多区域的青少年在科普学习实践中以劳育德、以劳增智、以劳促新！

杨浦区教育工作党委副书记、教育局局长

卜健

2021 年 5 月

目录

后记

农耕机具

"沟塍流水处，来耜平芜间。"中国的农耕文化源远流长。在菜畦中、稻田里、梯田上，农民们勤劳的身影绘就劳动的画卷。民以食为天，农业的发展至关重要。正所谓"工欲善其事，必先利其器"，华夏文明五千年传承发展，农具的不断演变促进了古代农耕文化的生生不息。从作物灌溉、谷物筛选到粮食运输，农具的改良推动农业生产实践各个方面的发展。在农业生产劳动中，中国古代劳动人民既有不惧"锄禾日当午，汗滴禾下土"艰辛的勤劳品格，又在对农具的不断研究改良中体现出化繁为简的智慧。

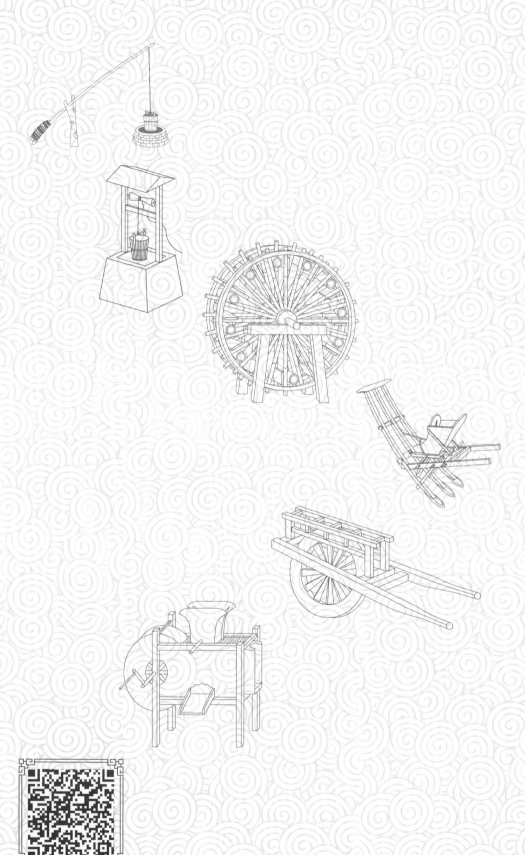

桔槔

　　"水是生命之源"，万物生长都离不开水，农业种植自然也不例外。取水灌溉作为农业生产中的重要环节，如何提高效率、节省人力一直是古代劳动人民不断思考并尝试解决的问题，由此诞生了许多因地制宜、形式多样的汲水机械。其中一种适用于浅井或水流较缓河道的取水装置，名为桔槔，俗称"吊杆"。

浙江诸暨赵家古井桔槔灌溉示意图

一、博学于文

早在战国时期，《庄子·外篇·天地》一文中就有桔槔的相关记载，讲述了古人取水浇灌时，为了省时省力而创造出这项巧物。

文献一

子贡南游于楚，反于晋，过汉阴，见一丈人方将为圃畦①，凿隧而入井，抱瓮而出灌，搰搰②然用力甚多而见功寡。子贡曰："有械于此，一日浸百畦，用力甚寡而见功多，夫子不欲乎？"为圃者仰而视之曰："奈何？"曰："凿木为机，后重前轻，挈③水若抽。数如泆④汤，其名为槔⑤。"

——〔战国〕庄周《庄子·外篇·天地》

注释：

①〔圃畦（pǔqí）〕种植蔬菜的园地。

②〔搰搰（húhú）〕用力的样子。

③〔挈（qiè）〕提起。

④〔泆（yì）〕古通"溢"。水充满而泛滥。

⑤〔槔（gāo）〕桔（jié）槔，也叫吊杆。中国传统提水工具。一根横杆中间吊起，一端系水桶，另一端系石头等重物，利用杠杆原理，使提水省力。

译文：

子贡到南边的楚国游历，返回晋国时，经过汉水的南边，见一老丈正在菜地里整地开畦，打了一条地道直通到井，抱着水瓮从井中取水灌地，用力很多而功效很少。子贡见了说："如今有一种机械，每天可以浇灌上百个菜畦，用力很少而功效颇多，您不想试试吗？"种菜的老丈抬起头来看着子贡说："应该怎么做呢？"子贡说："用木料加工成机械，后面重而前面轻，提水就像从井中抽水，快得犹如沸水向外溢出一样，这种机械的名字叫作槔。"

子贡遇灌畦老丈

📖 文献二

古者剡耜①而耕，摩蜃②而耨③，木钩而樵，抱甀④而汲，民劳而利薄。后世为之耒耜⑤櫌鉏⑥，斧柯而樵，桔皋而汲，民逸而利多焉。

——〔西汉〕刘安《淮南子·氾论训》

注释：

① 〔剡耜（yǎnsì）〕使耜尖锐。

② 〔蜃（shèn）〕大蛤蜊。

③ 〔耨（nòu）〕一种小手锄。此处指用耨除草。

④ 〔甀（zhuì）〕古时罐子、坛子一类的陶器。

⑤ 〔耒耜（lěisì）〕古代耕地翻土用的农具，即原始的犁。一说耒为其柄，耜为其下端刃的部分。一说耒为双齿翻土农具。

⑥ 〔櫌鉏（yōuchú）〕櫌和鉏。古代碎土平地和锄田去草的农具。

译文:

古时候人们削尖木头当耜来翻土耕地,又打磨大蛤蜊当锄头来除草,用木钩刀来砍柴,抱着瓦瓮来汲水,人们既劳累辛苦又获利微薄。后来(人们)发明了耒耜、耰和锄头来耕翻土地播种,又制造出斧头砍柴,利用桔皋(槔)来汲水,人们既轻松又获利丰厚。

二、博物致知

❧ 桔槔的使用 ❧

桔槔是我国古代用以取水的一种机械,相传春秋时期已经有很多地区应用。它是一种利用杠杆原理,达到轻松取水目的的农具。

关于桔槔的叙述相当多。西汉刘向所作的《说苑·反质》中记载春秋时郑国大夫邓析经过卫国时,看见有五位农夫"俱负缶而入井灌韭,终日一区",见他们辛勤劳作却没有什么灌溉成效,邓析便下车告诉他们:"为机,重其后,轻其前,命曰桥。终日溉韭,百区不倦。"意思就是叫他们制作一个工具,它的后端较重,前端较轻,叫作桔槔,使用它来浇地,一天可以灌溉百畦都不觉得疲倦。

❧ 桔槔的结构 ❧

桔槔由横向、纵向两个方向上各一根长杆组成,纵杆为桔,横杆为槔。竖立的桔基本都制作成"丫"字形,来支撑横向的槔。横杆与纵杆的交点为支点,在槔的一端悬挂水桶等汲水器,另一端加上重物。桔槔的结构相当

桔槔示意图

于一个简单的杠杆，两端上下运动来汲水。汲水时，人用力和重力同一方向，因而给人以轻松的感觉，也就大大减轻了人们提水的劳动强度。

∿ 桔槔的原理 ∿

桔槔的出现减轻了古代劳动人民的劳动强度，这一简简单单的汲水农具蕴含着不小的科技智慧。它根据杠杆原理制作而成，能改变用力方向，使水桶等汲水器上提时省力。取水时，横杆一端的汲水器往下压，与此同时，另一端所加的重物位置则上升（势能增加）。当汲水器装满水后，就让加了重物的另一端下降，重物原来所具有的势能因而转化。通过杠杆作用，不需很用力就可以将汲水器轻松提升上来了。汲水过程的主要用力方向是向下，与重力方向一致，人向下用力感觉比较轻松。

战国时期，庄周所作的《庄子·外篇·天运》中记载了颜渊与师金的一段对话，其中有一句"且子独不见夫桔槔者乎？引之则俯，舍之则仰。"说到了桔槔汲水的情景——拉它的一端便俯身临近水面，放开它就一端高高仰起。北宋苏轼《送李公恕赴阙》诗中写道："安能终老尘土下，俯仰随人如桔槔。"由此，也能知晓桔槔"俯仰随人"的特点。

三、博古通今

桔槔在中国已有至少两千多年的历史。早在春秋战国时期，桔槔已成为农田灌溉的普通工具。2015年，位于我国浙江诸暨的赵家古井桔槔灌溉工程，入选为世界灌溉工程遗产。"俯仰随人"的桔槔可谓是人类灌溉文明的"活化石"。

随着农业生产的发展、技术水平的提高，桔槔的使用逐渐无法满足大面积的灌溉需求。于是，龙骨车和筒车应运而生。龙骨车又称翻车，《后汉书》记有东汉时毕岚作翻车，三国时马钧加以完善，是一种刮板式连续提水机械；筒车在唐代就已出现，是一种以水流作动力驱动水轮，使装在水轮上的水筒自动取水灌田的机具。

取水灌溉的技术也在不断进步，时至今日，我国的农业灌溉已经有了跨越性的突破，除了应用机械进行灌溉节省人力外，灌溉技术正向节能环保的目标迈进。在我国推广应用的节水灌溉形式大致有地面灌溉技术——主要包括畦灌、沟灌、膜上灌、低压管道灌溉技术等；低压管道输水技术——用管道代替水渠将水低压输送到田间；喷灌技术——将水经过加压形成细小密集的水滴喷射到空中，继而洒落到地面；微灌技术——将水分和养分以较小流量均匀地输送到作物根部附近的土壤表面或土层。

现代灌溉系统

四、博识广践

我们可以利用家里能找到的材料一起来体验制作桔槔模型，在动手中了解它的运作过程和原理。

材料与工具

材料：牙签若干、一次性小杯 1 个、橡皮泥 1 块、燕尾夹 1 个、瓦楞纸板 1 块、吸管 4 根、棉线 1 根、回形针 2 枚。

工具：剪刀、铅笔、直尺。

① 制作桔

　　用铅笔在瓦楞纸板上画出一个边长为 9 厘米的正方形，剪下。在正方形的一组对边上，在每边距离两个端点各 4 厘米处用铅笔做好标记，从做好的 4 个标记处各作长为 1.5 厘米的垂直于边的 4 条虚线。沿 4 条虚线剪开，将未剪断的一端向上折起，形成 2 个向上翻起的长方形纸条。接下来将 2 根吸管分别竖直插在向上翻起的 2 个长方形纸条上。将 2 根吸管作为支架，桔就完成了。

扫码观看视频

9

② 制作槔

取 | 根牙签和第 3 根吸管，将牙签穿过吸管中点处，然后将牙签的两端分别穿过刚才做好的组成桔的 2 根吸管上端。将第 3 根吸管作为槔。

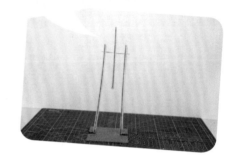

③ 制作提拉水桶部分

取第 4 根吸管，用牙签将吸管一端和槔的一端戳洞，再用棉线穿过两个洞，将两根吸管连起来。将 | 枚回形针掰成 "S" 形，塞进吸管，以便钩住用来提水的小桶。

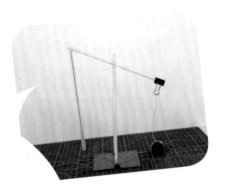

④ 制作重物部分

在槔的另一头，将吸管从燕尾夹中空部分穿过，固定住并绑上棉线，棉线用来绑住重物。

取一块橡皮泥，用棉线缠绕起来绑住，作为重物。

⑤ **制作水桶并挂上桔槔**

将剩下的1枚回形针掰成半圆形，半圆形直边不封口，作为水桶的提柄，穿过一次性小杯，制成一个简易小桶。

将小桶挂在③中制作的提拉部分的回形针上，桔槔的简易模型就完成了。

拓 展 思 考

江边

江边日晚潮烟上，树里鸦鸦桔槔响。

无因得似灌园翁，十亩春蔬一藜杖。

——〔唐〕陆龟蒙

二月十四日东山寓楼

坐觉春阴转北风，换晴将雨去何从。

栖迟一阁山相对，眇窱两沙江更空。

原野泽微才点绿，岭云朝霁不成虹。

桔槔许有回天力，百亩荒畦在屋东。

——〔近代〕黄节

尝试小创作

无论是古代还是近现代的诗人，都曾将桔槔这一农具写入诗中。艺术与劳作相结合，唯美又不失真实，别有一番风情。请查找有关资料，抄录一篇带有"桔槔"的诗词，结合想象与现实，思考其中的核心意象，为其绘制一个田园背景，将自己制作的桔槔置于其中并拍摄下来。

（扫描第2页二维码可见参考篇目）

11

辘轳

桓玄和殷仲堪都是东晋时的官员。有次二人与当时的著名画家顾恺之交谈之间，殷仲堪提议玩说"危语"的文字游戏，就是说使人害怕的话。桓玄说："矛头淅米剑头炊。"殷仲堪说："百岁老翁攀枯枝。"顾恺之说："井上辘轳卧婴儿。"

"井上辘轳卧婴儿"是危险的场面，那么为什么这样说呢？辘轳究竟是怎样的一个工具呢？

井上辘轳卧婴儿

一、博学于文

在多本古书中都有辘轳的相关记载。它装置简便、灵活省力，在农事中被广泛使用。在古诗文中也经常出现辘轳的形象。

🔖 文献一

辘轳①，缠绠②械也。《唐韵》云：圆转木也。《集韵》作槔辂③，汲水木也。井上立架置轴，贯以长毂④，其顶嵌以曲木；人乃用手掉转，缠绠于毂，引取汲器。或用双绠而逆顺交转，所悬之器虚者下，盈者上，更相上下，次第不辍⑤，见功甚速。

——〔元〕王祯《农书·农器图谱·灌溉门·辘轳》

注释：

① 〔辘轳（lù·lu）〕利用轮轴原理制成的井上汲水用具。

② 〔绠（gěng）〕汲水用的绳子。

③ 〔槔辂（dúlú）〕同"辘轳"。汲水器具。

④ 〔毂（gǔ）〕车轮中心有圆孔可以插轴的部位。

⑤ 〔辍（chuò）〕中途停止，中止。

译文：

辘轳是一种绑有长绳的机械装置。《唐韵》中记载为圆形的可转动的木头。《集韵》中则写作槔辂，是一种用于取水的木头装置。（安置方法为）在井上竖立支架安放横轴，轴上穿有长长的圆木，在圆木的顶端嵌入一个弯曲的木柄，人就可以用手转动它，在圆木上缠绕上长绳，就能拉起汲水器具了。也有用两条绳索按不同方向缠绕在圆木上的安装办法，下端各悬挂汲水器具，当空的那个下放时，汲满的那个就上升，交替上下运送不停，效率很高。

文献二

井上辘轳床上转。水声繁，丝声浅。

情若何？荀奉倩①。城头日，长向城头住。

一日作千年，不须流下去。

——〔唐〕李贺《后园凿井歌》

注释：

①〔荀奉倩（Xún Fèngqiàn）〕荀粲，字奉倩，三国时期魏人。因爱妻病逝，悲痛不已，时常不哭而伤神，一年多后去世，终年二十九岁。

译文：

汲水的辘轳在井台上转。流水声不断，绳索声低缓。像谁人那样情意缠绵？像那夫妻恩爱的荀奉倩。城头上的太阳红艳艳，但愿能长久地在城头上挂悬。一天就像那一千年，太阳永远不要落入西山。

二、博物致知

辘轳的演变

随着农业生产的发展，原来只靠天降雨，或是抱瓮而汲的方式都不再能满足灌溉的需要。富于智慧的劳动人民发明了多种能提高效率、节省人力的简单机械用于汲水，比如桔槔，适用于浅井或水流较缓河道的取水。而相传早至三千多年前，就有了辘轳，经过发展改进，能取到深井里的水，广泛地应用于农业灌溉。

"久将菘芥芼南羹，佳节泥深人未行。想见故园蔬甲好，一畦春水辘轳声。"这首宋代张耒的诗作《二月二日挑菜节大雨不能出》写出了古人遇雨不能外出却别有一番情趣的意境，也道出了灌溉农具——辘轳对于春耕农种、秋收菜丰的重要作用。

❧ 辘轳的结构 ❧

辘轳通常由辘轳头、支架、摇柄、井绳、汲水用具等部分构成。辘轳头是一块圆硬木，中有轴孔，穿在轴上，上绕绳索，绳头系汲水用具。辘轳头上嵌一摇柄，转动摇柄以提拉汲水用具。

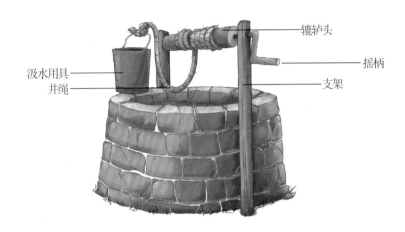

辘轳头

摇柄

支架

汲水用具

井绳

❧ 辘轳的原理 ❧

早期的辘轳是滑轮式的，实际上相当于一个定滑轮，只改变了力的方向，因此并不省力。它安装在井口井架上，是在水井上竖起支架，固定支撑着转轮，或在井旁竖起两根"丫"字形木头作为支架来安置轮轴。汲水时，用一根绳子拴住汲水用的陶罐等器物。绳子绕在转轮上，人站在地面上拉着绳子的另一端，先放下罐子汲水，待水满后用力向下拉绳子。转轮转动，罐子被提拉上来。

唐宋时期出现了"曲柄辘轳"，初步利用了轮轴和杠杆相结合的机械原理。这种辘轳一般立在井口，主体是一根圆木，中空

早期的辘轳

15

有轴孔。圆木穿在轴上，固定为一体，上绕绳索，绳的一头系汲水的器具（如水桶），圆木一端嵌一摇柄，并且弯曲成一定角度。这种工具既利用轮轴缠绕绳子，可以避免打滑；又利用杠杆，摇动摇柄带动圆木和其上的绳子，实现了省力的效果——由于曲柄辘轳的摇柄半径大于圆木的半径，当利用曲柄把动力作用于圆木上时，辘轳就是一个省力的装置。

还有一种辘轳是在轮轴上按不同方向绕上两根绳子，将两根绳子下端各拴一个罐子，汲水时两个罐子一上一下，交替连续进行，效率更高。

井上的辘轳

三、博古通今

明代罗颀所编的《物原》中记载："史佚始作辘轳。"史佚其人是周代初期的史官，故辘轳可能起源于商末周初。到春秋时期，辘轳就已经十分流行。直到现在，辘轳还为人所应用，而且在形体上大致保持了原型的样子，说明在三千余年前先辈们设计的辘轳结构合理，极具实用性。

辘轳最广泛的应用是作为汲水装置，此外它还被应用于起重装置。随着科学技术的发展，演变出不同种类的辘轳。除了最常见的井辘轳，用木柄转动的曲柄辘轳、花式辘轳等，另外还有轮流上下的复式辘轳，两桶一上一下同时工作，可提高效率。

在农耕文明初期，种植灌溉只能看天吃饭，气候的变化对农作物的生长十分关键。而随着科学的发展进步，如今人们已研发出多项灌溉技术，能保障农业种植，不再完全依赖气候。其中，最重要最有效的一项工程就是人工降雨。

人工降雨又称人工降水，运用降水原理，根据云层不同的物理性质，通过向云层中撒播降雨剂，如干冰、碘化银或盐粉等催化剂，使云雾的微结构发生改变，增大成水滴，降落到地面形成降水，可作为一种灌溉方式。通常通过用飞机、火箭、高炮等播撒人工降雨的催化剂，解除田地干旱警报、增加水库灌溉水量，或者缓解难以预料的突发灾难。

中国最早的人工降雨试验是在 1958 年，由于吉林省当年遭到六十年未遇的大旱，期望通过人工降雨缓解旱情。此后，人工降雨经历不断探索和应用。1987 年，人工降雨在扑灭大兴安岭特大森林火灾中发挥了作用。2021 年 4 月，云南省开展空地结合人工增雨作业，有效地缓解了旱情，降低森林火险等级。

四、博识广践

让我们来制作一个简易的辘轳模型，一起感受一下古代人们的取水方式吧。我们用到的主要材料是吸管和瓦楞纸板。

材料与工具

材料：瓦楞纸板 1 块、一次性小杯 1 个、牙签若干、回形针 1 枚、吸管 1 根、棉线 1 根。

工具：白胶、透明胶带、剪刀、铅笔、直尺。

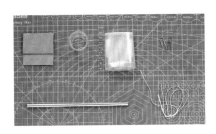

① 搭建井架底板

在瓦楞纸板上剪下一块边长为 6 厘米的正方形纸板，一块长 6 厘米、宽 4 厘米的长方形纸板。将正方形纸板作为底板，水平放置，长方形纸板垂直竖立，使 4 厘米的边与正方形的一条边重合，距离两个端点各 1 厘米。用白胶将两块纸板重叠的边缘黏合起来，可以使用透明胶带作加固用。在底板未粘贴长方形纸板的那组对边上，在每边距离两个端点 1 厘米和 4 厘米处用铅笔做好标记，从做好的 4 个标记处各作长为 1 厘米的垂直于边的 4 条虚线。沿 4 条虚线剪开，将未剪断的一端向上折起，形成 2 个向上翻起的正方形纸条。

在贴有长方形纸板那条边的对边上，在距离两个端点各 2 厘米处用铅笔做标记，从做好的两个标记处各作长为 3 厘米、垂直于边的 2 条线，连接 2 条线的端点。沿画出的 3 条线，剪下一个长为 3 厘米、宽为 2 厘米的长方形，留出空洞，用于水桶下放。

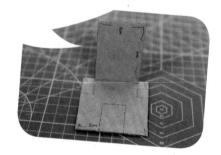

② 搭建井架支架

剪下长约为 8 厘米的两段吸管，分别插在向上翻起的 2 个正方形纸条上，并将吸管交叉放置，作为辘轳井架的支架部分。取 1 根牙签，穿过交叉的两段吸管，再穿过竖直的纸板中线，将牙签作为轴。

③ 组装转轴部分

拿一根短吸管套在作为轴的牙签上，拿另一根牙签作为摇柄，从另一端自下而上斜插穿过横向的作为轴的牙签上的吸管。

④ 缠绕棉线

取一段长为 15 厘米的棉线，将棉线缠绕在横轴上。为防止棉线卡在横轴上，可以在横轴靠近交叉吸管的部分再插入一段长 2 厘米左右的牙签。

⑤ 制作水桶

将回形针弯成一个半圆形，半圆形直边不封口，制作成水桶的提柄。将回形针的两端穿入一次性小杯做成的水桶。提柄绑上棉线。

转动摇柄，看看水桶会随着棉线收放而上下移动吗？

扫码观看视频

19

拓 展 思 考

　　如今在我国一些乡村，辘轳仍被作为汲水装置使用，在城市中则往往难觅其踪影。不过，许多与辘轳工作原理相似的工具或装置还不时出现在我们的生活中。

　　你能看出下面这些物品与辘轳的相似之处吗？想一想，它们和辘轳的哪部分有相似之处呢？请再找一找生活中和辘轳有着相似结构的物品，并完成下面的表格。

工程电缆线盘　　　　　　　　　　　鱼竿放线器

我找到的现代物品	它与辘轳相似的部分	它的应用场景

（扫描第 2 页二维码可见参考答案）

简车

中国自古以来是农业大国，勤劳的中国古代劳动人民在农耕生活中，不断总结经验，创造智慧，使得农耕器具不断发展进步。"江南水轮不假人，智者创物真大巧。一轮十筒挹且注，循环下上无时了。"宋代李处权的诗句中仅用寥寥数字，就描绘出了我国南方农业生产中的一项重要发明——简车。这项汲水装置究竟是如何运作，又是怎样做到"不假人""无时了"的呢？

水转简车实物

一、博学于文

元代王祯《农书·农器图谱》和明代王临亨《粤剑编·志艺术》中有筒车的相关记载，详细描述了筒车的结构以及不借助人力的运作特点。

文献一

筒车，流水筒轮。凡制此车，先视岸之高下，可用轮之大小。须要轮高于岸，筒贮①于槽，乃为得法。其车之所在，自上流排作石仓，斜擗②水势，急凑筒轮。……水激轮转，众筒兜水，次第下倾于岸上。所横木槽，谓之"天池"，以灌田稻。日夜不息，绝胜人力，智之事也。

——〔元〕王祯《农书·农器图谱·灌溉门·筒车》

注释：

①〔贮（zhù）〕储存；收藏。

②〔擗（pǐ）〕分开；劈。

译文：

筒车是安装在流水中的筒轮。凡是制造筒车，先察看河岸的高低，决定其轮的大小。轮必须高出岸上，能够使筒水倾于木槽中，才是适合的。装筒车的地点，应自上流垒石作堤，逼使水流旁出，急流下泻，冲击筒轮旋转。……在急流冲击下其轮旋转，各筒就先后兜水上升，（随着转轮自下而上，又自上而下）按一定顺序倾倒在岸上所设的木槽——"天池"中，流灌到稻田里。它引水灌溉日夜不停，远胜于人力，是聪明人的创造。

文献二

水车，每辐用水筒一枚，前仰后俯，转轮而上，恰注水槽中。以田之高下为轮之大小，即三四丈以上田亦能灌之，了不用人力，与浙之水碓^①、水磨相似。其设机激水，即远媿^②汉阴丈人^③。

——〔明〕王临亨《粤剑编·志艺术》

① 〔水碓（shuǐduì）〕靠水力来春米的器械。

② 〔媿（kuì）〕使……羞愧。

③ 〔汉阴丈人（Hànyīn zhàngrén）〕《庄子》寓言中反对使用器械代替人力的老汉，住在汉水南岸。见"桔槔"文献一。

译文：

水车，每根辐条上安装一个竹筒，竹筒开口处抬高而底部低，转动轮子能带动竹筒向上，正好将水注入水槽中。依据田地位置的高低来确定水轮的大小，即便是离水面三四丈以上的田地也可以浇灌到，而且完全不借助人力，与浙江一带的水碓、水磨相类似。它（这种）制作机械装置利用水流的巧妙，足以令当年的汉阴丈人惭愧。

二、博物致知

∿ 筒车的演变 ∿

筒车是我国古代重要的灌溉机具之一，它以水流作动力，取水灌田。根据不同的动力源和构造，大致分为水转筒车、畜力筒车、高转筒车和水转高车等，后几种由于工作效率较低，所以应用得较少。通常所说的筒车主要指水转筒车，它是我国唐宋以来南方丘陵山区不可缺少的灌溉机具。

筒车也称"水轮""水车""天车"，在唐代已经出现，并且被应用于农业生产中。当时筒车的制作已有一定的规程，唐代陈廷章的《水轮赋》中有关于筒车的最早记载，其中写道："水能利物，轮乃曲成。升降满农夫之用，低徊随匠氏之程。始崩腾以电散，俄宛转以风生。虽破浪于川湄，善行无迹；既斡流于波面，终夜有声。"宋代是筒车开始兴盛的时期，清代则是它的"全盛时代"。

筒车复原模型

筒车是南方丘陵山区农业开发的产物，它的出现有特定的技术渊源。唐宋时期，我国南方农业开始由平原向山地丘陵推进。为解决水利问题，人们需要创设汲取溪河之水以灌高处农田，以及为低洼处的农田排涝的方法。

在筒车出现之前，利用水力作动力推动机械运转的技术已形成一定传统。南北朝时期范晔所作《后汉书》中有翻车的相关记载。翻车又称"龙骨水车"，是用人力、畜力、水力或风力转动链带，带动水槽中的刮板翻转，将低处的水顺水槽提升到高处。这一较为先进的灌溉机具在宽阔的平原地区大效其能，但在丘陵山地的传播却受到限制。由于我国南方具有利用竹材中空特性的传统，在积累丰富经验知识的基础上，水力机械加上利用竹材的两大特点智慧碰撞，应对南方丘陵山区农业对特殊灌溉机具的需求，筒车便应运而生。它利用流水的冲击力作动力，使中国古代水利机具的发展跨入了一个新时代。

脚踏翻车

筒车的结构与运作 ೭

　　筒车主要由两大部分构成：一是立轮，属于动力装置；二是取水筒，属于工作部件。从明代宋应星《天工开物》筒车图中可看到筒车的结构。

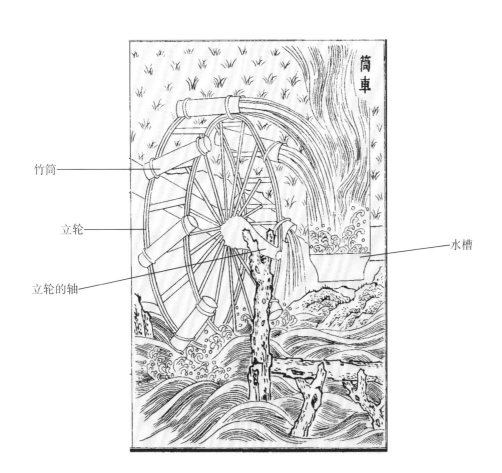

筒车的装置方法如下：在水流很急的岸旁打下两个硬桩，制一立轮。立轮上半部高出堤岸，下半部浸在水里，可自由转动。将立轮的轴搁在桩叉上。

立轮轮辐外受水板上斜系有一个个竹筒。岸旁凑近轮上水筒的位置设有水槽。

当立轮受水板受急流冲击，轮子转动，水筒中灌满水；转过轮子的顶点时，筒口向下倾斜，水恰好倒入水槽，并沿水槽流向田间。此种筒车日夜不停地车水浇地，不用人畜之力，功效高。

筒车的水筒与水轮联成一体，既是接受水力的驱动构件，又是提水倒水的工作构件，其结构简明紧凑，设计构思巧妙。

❧ 筒车的原理 ❧

筒车的原理是利用高度差形成水的重力势能，水奔流而下，具有的重力势能转换成动能，带动筒车转动；水注入筒中后升高，又是将动能转换为势能的过程。

此处水流的重力势能指水由于在高处而具有的能量，水达到的高度越高，势能就越多，一旦下落时所释放的能量就越多。此处动能指水流由于运动而具有的能量。动能和重力势能相互转化，让筒车形成自动化水力机械。

三、博古通今

利用势能、动能转换的农具应用还有古代用来舂米的水碓等，工程有如今的大坝、利用水能转换成电能的水力发电站等。随着我国水电站的蓬勃发展，具有世界领先地位的水电站相继应运而生。其中，三峡水电站是目前中国第一大水电站，也是世界上规模最大的水电站。

大坝排水

古代劳动人民创造的筒车,实现了远程汲水灌溉的功能。如今,随着科技水平的提高和信息化技术的发展,农业越来越显示出"智慧"的特点。在"智慧农业"中,运用物联网、大数据、云计算与传感器技术等相结合的方式,系统对农业生产中的环境温度、湿度、光照强度、土壤湿度情况等实时监控,并进行适时干预,已实现灌溉自动化,或是足不出户就能远程遥控灌溉,节约大量人力、物力,同时提高农作物品质。

农业无人机飞到田地上喷洒肥料

四、博识广践

我们可以用一些简单的材料仿制一个筒车模型,通过动手制作的过程,进一步了解筒车的结构和运作原理,感受古人的科技智慧。

材料与工具

材料：泡沫塑料 1 块、牙签若干、回形针 2 枚、吸管 1 根、瓦楞纸板 1 块。

工具：直尺、铅笔、圆规、剪刀、美工刀、透明胶带、双面胶。

（注意：使用工具时务必注意安全，须在家长监护下操作。）

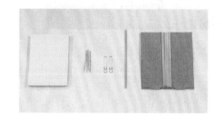 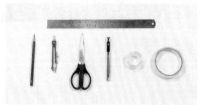

① 画筒车轮（须画 2 个）

用圆规在瓦楞纸板上画 1 个半径为 8 厘米的圆（也可根据需要自行决定圆的直径），在圆内分别画半径为 7 厘米和 2 厘米的同心圆。大圆作为筒车轮，最小的圆作为毂。过圆心在内圆上画上 6 条直线，将圆等分为 12 份。

扫码观看视频

② 剪轮镂空（须做 2 个）

将圆剪下后，在圆上留出辐条和毂，用美工刀间隔镂空，去除多余部分。

③ 连接两轮

将吸管插入 2 个圆心，连接 2 个筒车轮。

④ 固定轮边

用 6 根牙签在辐条处插入 2 个圆的轮边，作为木桩将 2 个轮子固定，剪去牙签的多余部分。

⑤ 安装水筒

将吸管剪成适当长度的 6 段，作为水筒。用纸片封住水筒的一端，用双面胶把 6 个水筒粘贴在筒车边缘，粘贴时保持水筒倾斜。

⑥ 制作轮桩

分别将 2 枚回形针的一端掰开，使回形针呈"丫"字形，用透明胶带绑在吸管一端，吸管的另一端插在泡沫板上，作为两个轮桩。

⑦ **组装筒车**

　　将竹签插入筒车中心的吸管内，作为轮轴，架在两个轮桩上。用手代替水流推动筒车转动。

　　筒车包括许多种类。若由牛绕柱旋转带动水平车轮，再借变向轮齿拉动与之啮合的立轮旋转，从而使龙骨板刮水上岸，这样的筒车就称为"牛转筒车"。除此之外，还有通过两个大轮将低处的水带向高处的"高转筒车"等。它们的结构均巧妙合理，彰显我国古代劳动人民的智慧。

　　请你用现有易得的材料，模仿制作一个高转筒车模型，使其能够实现"低水高用"的功能。

宋应星《天工开物》
中的高转筒车

（扫描第 2 页二维码可见提示）

耧车

"春种一粒粟，秋收万颗子。"每当春回大地，万物复苏，就又到了农民们播种的时候。人与牛配合，不消多久就能完成一排排沟壑的播种劳作。他们是怎样做到的呢？这是因为一件将开沟与播种合而为一的农具——耧车。

耧车模型

一、博学于文

楼车在西汉时期就已经出现了，用其播种既方便又快速。随后楼车逐渐广为人知，被应用在农业耕种领域，成为一件便捷有效率的耕种工具。

文献一

楼车①，下种器也。……然而楼种之制不一，有独脚、两脚、三脚之异。……其制：两柄上弯，高可三尺；两足中虚，阔合一垄；横桄②四匝③，中置楼斗，其所盛种粒，各下通足窍。仍旁挟④两辕，可容一牛，用一人牵傍，一人执楼，且行且摇，种乃自下。

——〔元〕王祯《农书·农器图谱·耒耜门·楼车》

注释：

① 〔楼车（lóuchē）〕一种古代播种用的农具。

② 〔桄（guàng）〕门、车、梯、织机等物上的横木。

③ 〔四匝（sìzā）〕四面环绕。

④ 〔挟（jiā）〕从物体两边夹住。

译文：

楼车，是播种的农具。……楼车的形制不止一种，有单脚、双脚、三脚的不同。……它的形制是上面两柄弯曲，高大约三尺；下面两脚中空，宽度与一道田垄相同；四周用横木框定，中间放置楼斗，斗中盛放的种子，可通到楼脚的底孔下。旁边挟两根长辕木，宽可容纳一牛。一人牵牛，一人掌楼车，一边走，一边摇晃楼斗撒种，种子就自己落到土地里。

文献二

其服牛起土者，耒①不用耕②，并列两铁于横木之上，其具方语曰锼。锼中间盛一小斗，贮麦种于内，其斗底空梅花眼。牛行摇动，种子即从眼中撒下。欲密而多，则鞭牛疾走，子撒必多；欲稀而少，则缓其牛，撒种即少。

—— 〔明〕宋应星《天工开物·乃粒·麦工》

注释：

① 〔耒（lěi）〕此处指古代一种翻土耕地用的农具，即原始的犁。

② 〔耕（gēng）〕此处指犁头。

译文：

（有一种）套上牛拉着起土的农具，不装犁头，而装一根横木，在横木上并排着安装两块尖铁，方言把它称为"锼"（北方称为"耧"）。"锼"的中间装个小斗，在斗内盛上麦种，斗底钻梅花状的洞眼。牛走时摇动耧斗，种子就从眼中撒下。如果想要种得又密集又多，就赶牛让它快走，种子就撒得多；如要稀些少些，就让牛慢慢走，撒种就少。

二、博物致知

耧车的作用

耧车，又称"耧""耧犁"，是中国古代一种较为先进的利用畜力来播种的工具。耧车可谓是一件一举多得的"神兵利器"，使用它可以一次性地就完成田地的开沟和播种。春季本就是农事繁忙的时节，运用耧车大大提高了农种的效率。

东汉时的崔寔在其《政论》一文中写道："武帝以赵过为搜粟都尉，教民耕殖。其法三犁共一牛，一人将之，下种挽耧，皆取备焉。日种一顷。至今三辅犹赖其利。"可见耧车效率之高使其得以被广泛应用，减轻了广大劳动人民的辛劳负担。

❧ 耧车的结构 ❧

耧车一般由以下五个部分组成：

1. 耧把——两手放于其上，便于扶稳耧车和摇晃耧斗播种。

2. 耧脚——中空，与耧斗相通，种子由耧脚落出至土地里。

3. 耧斗——用来盛放待播种的种子。

4. 耧辕——便于套牲畜或者以人力抬拉。

5. 耧铧——开沟破土。

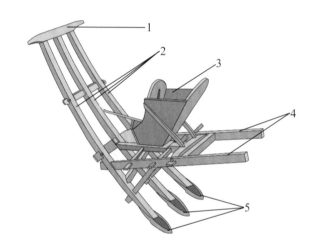

这些部分中除耧铧为铁制外，其他部件均由木头制成。

❧ 耧车的使用 ❧

有了耧车后，播种由"两人一畜一耧"即可完成。牲畜一般为耕牛、耕羊等。

使用耧车时，一人在耧车前面牵牲畜并扶住耧辕，以便控制牲畜行走的方向和

耧车播种

速度，牲畜牵引楼车跟着，另一人在楼车后扶着楼把，跟着前进，楼脚划过土地，完成开沟。同时，后面的人一边走一边晃动楼斗，楼斗中的种子顺势滑入中空的楼脚，下落播种到地里。与此同时，若在楼车上装上"劳"（同"耢"，一种类似无齿耙的农具）进行覆压，便能一举数得，轻松完成多排土地的播种和压土，省时省力。

三、博古通今

楼车出现之前，劳动人民都是通过人力点播的方式播种。当时所用的工具叫耒，主要用作掘地、翻土。但人力点播费时又费力，据信战国时期，独脚楼已应运而生。而北魏贾思勰的《齐民要术》中记载道："今自济州以西，犹用长辕犁、两脚楼。……两脚楼，种垄概，亦不如一脚楼之得中也。"

独脚楼和两脚楼的出现在一定程度上减轻了劳动负担，但是从便捷灵巧性上来讲，仍有不足之处。西汉武帝时，赵过在独脚楼和两脚楼等早期的原始楼基础之上发展改良，创造发明出有三个楼脚的楼车工具。随着科学的发展、技术的进步，楼车从最初的一脚楼逐渐发展到七脚楼，成为现代播种机的始祖。

楼车实物

英国著名历史学家罗伯特·坦普尔在《中国：发明与发现的国度——中国科学技术史精华》一书中提到，古代中国在农业领域领先于世界的发明有五项，而耧车即为其中之一。它为后世西方条播机的发明奠定了坚实的基础，西方的第一部种子条播机是受到中国耧车的启示而制成的。

现代播种已不需要依靠人力手动进行，有施肥开沟器、播种开沟器等适用于各种农耕过程的机器。比如播种开沟器，顾名思义就是集播种和开沟于一体，有芯铧式、凿形铲式、尖角翼铲式、箭铲式、矛锋式、滑刀式、圆盘式、锄铲式等。人们不仅能因地制宜，根据播种环境选择不同类型的播种机，还将开沟、播种、填土等步骤合而为一，大大提高了播种的速度和质量。

四、博识广践

让我们利用家里的常见材料制作一个耧车的简易模型，重回古代，体会耕作时的快乐与辛劳。

材料与工具

材料：牙签若干、瓦楞纸板1块、橡皮泥1块、吸管2根。
工具：白胶、剪刀、铅笔、直尺。

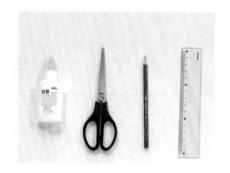

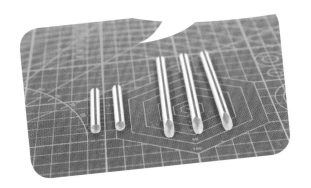

① **制作耧脚**

取 2 根吸管，分别从中间剪开，成同样长短的 4 段。其中 3 段作为耧脚。将耧脚底端用剪刀分别修剪成椭圆形，以便种子播散至沟壑中。

将剩下的第 4 段吸管一剪为二，备用。

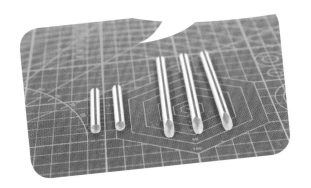

② **制作耧把**

在并排摆放的 3 根耧脚距离上端 0.5 厘米处用牙签横向穿过并连接，将牙签作为耧把。

在耧把下方 2 厘米处，拿 1 根牙签横向穿过 3 根耧脚。在向下 2 厘米处，再取 1 根牙签横向穿过 3 根耧脚，作为固定件，以达到更好地固定耧脚的目的。

扫码观看视频

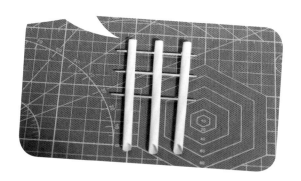

③ 制作耧辕

在两根固定件中间，用2根牙签从上方分别插入外侧的2根耧脚，把最初备用的两段较短的吸管横向一上一下从牙签上穿孔插入，作为耧辕。

④ 制作耧斗

在瓦楞纸板上画3个长3厘米、宽2厘米的长方形，2个边长为2厘米的正方形，剪下，用白胶拼接成一个上方开口的长方体，作为耧斗，取橡皮泥压成长3厘米、宽2厘米的长方形，在较上方钻一个小孔，作为隔板，隔在耧斗内中间处，将耧斗一分为二。

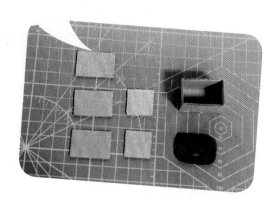

⑤ 拼搭耧车

将耧斗固定在耧辕上。在耧斗离耧把较近部分的底部戳 3 个小洞，在每根耧脚上靠近耧辕的下方，也用牙签分别戳 1 个小洞。取 1 根牙签，修剪后均匀分成 3 段，使每一段一头连接耧斗底部的 1 个小洞，另一头连接耧脚上的 1 个小洞。

这样，简易的耧车模型就完成了。可以将少许米粒放进耧斗，体验一下怎样用耧车播种哦。

拓 展 思 考

查找资料，了解一下现代农业机械的种类，并从中寻找与耧车结构相近的机械，思考这些新的机械与耧车相比有了哪些改进。

（扫描第 2 页二维码可见参考答案）

独轮车

独轮车俗称"鸡公车""二把手"，在我国许多地方都有应用。在近现代交通运输工具普及之前，是一种轻便的运物、载人工具，在北方几乎与毛驴起同样的作用。虽然初始形态的车载重量不大，但比起全靠人力肩挑背扛要更省力、载重更大，至今仍被劳动人民使用着，成为运输的重要工具之一。北宋画家张择端的《清明上河图》描绘了 12 世纪初北宋汴京城（今河南开封）的繁华景象。全图共画有各类车 16 辆，其中独轮车就有 7 辆。独轮车究竟是有怎样的魅力，能成为古代中国人民离不开的重要交通运输工具呢？

张择端《清明上河图》中的独轮车场景

一、博学于文

唐代陈琡《留别兰若僧》和明代宋应星《天工开物》中有关于独轮车的相关记载，其中描述了独轮车的结构以及运物载人的优势与特点。

文献一

行若独轮车，常畏大道覆。

止若员^①底器，常恐他物触。

行止既如此，安得不离俗。

——〔唐〕陈琡^②《留别兰若僧》

注释：

① 〔员（yuán）〕同"圆"。圆形。

② 〔琡（chù）〕古代的一种八寸的玉器。此为人名。

译文：

行动的时候像独轮的车子，常常担心翻倒在大路上。静止的时候像圆底的器具，常常害怕其他东西触碰。如果行动和止息都像这样，怎么可能不远离世俗呢？

文献二

其南方独轮推车，则一人之力是视。容载两石^①，遇坎即止，最远者止达百里而已。

——〔明〕宋应星《天工开物·舟车·车》

注释：

① 〔石（dàn）〕古代重量单位，一百二十市斤为一石。

译文：

　　至于南方的独轮推车，就只能靠一个人推，这种车可以载重两石，遇到坎坷不平的路就过不去，最远也只能走一百里。

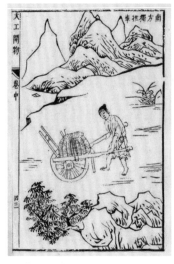

宋应星《天工开物》中的
南方独轮推车运物

二、博物致知

🐚 独轮车的演变 🐚

　　在我国，根据文献与图像考证，独轮手推车的发明可以追溯至汉代。在出土的众多画像砖石上都出现了独轮车的形象，如四川新都出土的"当垆"画像砖、四川成都出土的"容车侍从"画像砖等上面均有独轮车形象。

四川出土"当垆"画像砖

　　古代独轮车在农村使用比较普遍，其发明和发展有其必然条件。在古代，车的种类很多，主要分为畜力车和人力车两种。其中，人力推拉的车称为"辇"，秦汉以后，专指皇帝后妃乘坐的车子，基本上均为两轮，需要在道路较宽的地方行驶，且制作工艺比较复杂，费用较高，凭一般平民百姓的经济能力无法承担。相较之下，独轮车有其优势，它只用一个轮子，成本较低，且可以在平原河谷及崎岖不平的丘陵山地推行，虽仍然需要人力，但比起纯靠人力抬扛要轻松许多。因此，两千多年来，独轮车一直被我国劳动人民广泛使用，成为重要的交通运输工具之一，至今有些山区仍有应用。

✍ 独轮车的结构 ✍

按照如今的机械角度分析，独轮车主要由五部分组成：

1. 手柄——提供给人抓握及传递能量。

2. 载物平台——用作上载及卸载的承载部分。

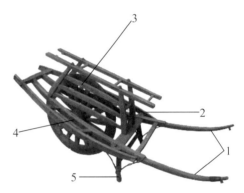

古代独轮车模型

3. 车架——用作支撑独轮车整体。

4. 轮轴——使独轮车与其上所载物能以滚动形式移动。

5. 撑脚——在独轮车停放时为车子提供稳定的支撑。

独轮车仅有一个车轮，看似很容易翻倒，而中国古代劳动人民却能用它载物、载人，长途跋涉而平稳轻巧。

独轮车实物

❧ 独轮车的原理 ❧

独轮车是利用杠杆原理，将负载重量架于中间的车轮之上，分担给独轮车及推车者，并通过推车者手动平衡，令笨重或大量的负载移动变得平稳轻松，在多种运物、载人场合都能使用。利用杠杆原理和平衡原理的独轮车使用起来之所以省力，还因为在使用过程中它的轮轴结构用滚动代替了滑动，大大减小了摩擦力。

现代独轮车

三、博古通今

从汉代的"鹿车"，到三国时期的"木牛流马"，独轮车不断地进步，直到今天各地仍在使用小推车。时代的变化和科学技术的进步，也促使我国交通运输工具不断朝现代化发展。人们周围的交通工具越来越多，为生活带来极大的方便。现代的各种高科技交通工具绝大部分是从前几个世纪的工具演变过来的，具有性能好、速度快、运量大等优势特点。陆地上的汽车、海洋里的轮船、天空中的飞机，极大地缩短了人们交往的距离；火箭和宇宙飞船的发明，使人类探索另一个星球的理想成为现实。

如果说人力向机械进化是一种进步，那么"无人驾驶"可以说是目前运输中的前沿技术。中国一汽集团专为港口作业研发的港口集装箱水平运输专用智能车（Inteligent Container Vehicle, ICV）于 2018 年发布。这是中国国内第一个实现 L4 级港口示范运营的智能驾驶运输车辆，同时也是全球首创。它能实现自动装货、行驶、转向、停车、卸货等一系列动作，是高自动化、高精准度、高安全性的智能车。

四、博识广践

我们可以用一些简单的材料仿制一个独轮车模型，通过动手制作的过程，进一步了解独轮车的结构和运作原理，感受古人的科技智慧。

✂ 材料与工具

材料：牙签9根、吸管2根、一次性纸杯2个。

工具：直尺、圆规、铅笔、美工刀、剪刀。

（注意：使用工具时务必注意安全，须在家长监护下操作。）

① **修剪材料**

用剪刀将9根牙签分别修剪成长度为5.5厘米的4根、5厘米的1根、4.5厘米的3根、3.5厘米的1根，备用。从2个一次性纸杯的杯底分别向上量取1厘米，用圆规分别画出圆周，沿画出的圆，用美工刀切下2个一次性纸杯的底座，备用。将2根吸管用剪刀修剪成16厘米的2根和4厘米的2根，备用。

扫码观看视频

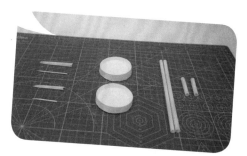

② 搭建车轮部分

将修剪好备用的 2 个一次性纸杯的杯底相贴，拼合成一个整体，作为车轮，并用 1 根 4.5 厘米的牙签从车轮中心穿过。

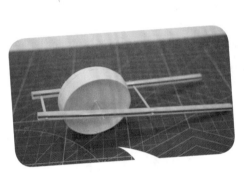

③ 搭建车轴部分

将车轮中心的牙签两头分别插入 2 根 16 厘米吸管距一端 4.5 厘米处，作为车轴。用 3.5 厘米的牙签在 2 根 16 厘米吸管距一端 0.5 厘米处连接，用 5 厘米的牙签在 2 根 16 厘米吸管距一端 8 厘米处连接。

④ 搭建撑脚部分

在 2 根 16 厘米吸管距一端 8.5 厘米处，将 2 根 4.5 厘米的牙签从下方分别插入，作为撑脚。

⑤ 搭建载物平台

用 4 根 5.5 厘米的牙签，分别从下方斜插入 2 根 4 厘米的吸管两端，两脚呈"八"字形。

 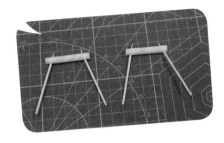

⑥ 组装载物平台

取组成载物平台的 2 个"八"字形构件，将每个构件上的 2 根牙签分别插入每根 16 厘米吸管正对车轮的位置，使 2 根 4 厘米吸管在车轮上方。简单的独轮车模型完成。

推推看独轮车模型，感受一下载物的便捷。

拓 展 思 考

"木牛流马"是三国时期蜀国名相诸葛亮发明的工具，用来在山路崎岖的蜀地向前线运送粮草。由于没有设计图传世，历代对木牛流马的结构有各种说法。宋代高承在《事物纪原》中这样记载木牛流马的构造："木牛即今小车之有前辕者；流马即今独推者。"可见独轮车是木牛流马的一种可能的结构。

请你发挥想象，用生活中的材料改良制作更好的独轮车，使其兼具美观性、功能性。

（扫描第 2 页二维码可见提示）

风扇车

　　收割的谷物如何去除谷壳、糠秕和杂物，只能一粒粒人工筛选吗？我国作为农业大国，古代劳动人民发挥了过人的智慧，除了四大发明外，还有许多造福人民的卓越发明，如"风扇车"。它是古人发明的极具科学性和实用性的粮食筛选工具，对谷物的筛选由人工向机械化发展具有重要意义，标志着人们能摆脱对自然风的依赖，采用连续的人造风，能根据需要随时对加工后的谷物进行筛选，极大地拓展了谷物筛选加工的方式，提高了劳动生产率，对我国的农业发展起到了非常重要的促进作用。

明代顾炳《顾氏画谱》中古代劳动人民使用风扇车筛谷劳作

一、博学干文

元代王祯和宋代王安石对“风扇车”有相关记载，其中述及“风扇车”又名“飏扇”，详细描述了风扇车的结构、操作方法及筛谷的原理等特点。

文献一

……扬谷器。其制：中置簨轴[①]，列穿四扇或六扇，用薄板，或糊[②]竹为之。复有立扇、卧扇之别。各带掉轴，或手转足蹑，扇即随转。凡舂碾[③]之际，以糠米贮之高槛[④]，槛底通作匾缝，下泻均细如筛[⑤]，即将机轴掉转扇之，糠粞[⑥]既去，乃得净米。又有舁[⑦]之场圃间用之者，谓之扇车。凡蹂[⑧]打麦禾等稼，穰[⑨]籺[⑩]相杂，亦须用此风扇。比之杴掷[⑪]、箕簸[⑫]，其功多倍。

——〔元〕王祯《农书·农器图谱·杵臼门·飏扇》

注释：

①〔簨轴（sǔnzhóu）〕农具中安装的横轴。

②〔糊（hú）〕同“煳”。物品经火变得黄黑发焦。竹子用火烤后可以坚固、防裂、防虫。

③〔舂碾（chōngniǎn）〕舂，用杵臼捣去谷物的皮壳。碾，用碾子把谷物轧碎或去掉谷物的皮。把谷物等东西放在石臼里或碾子下捣轧去掉皮壳或捣碎。

④〔槛（jiàn）〕柜，此指围板的斗形器。

⑤〔筛（shāi）〕一种多小孔的器具，用来分离粗细颗粒，让细的颗粒漏下去，粗的颗粒留下。

⑥〔糠粞（kāngxī）〕谷皮和碎米。

⑦〔舁（yú）〕抬；扛。

⑧〔蹂（róu）〕搓揉。

⑨〔穰（ráng）〕稻、麦等植物的秆茎。

⑩〔籺（hé）〕米麦的粗屑。

⑪〔杴掷（xiānzhì）〕杴，一种类似铁锹的农具。掷，抛。杴掷，用杴抛筛。

⑫〔箕簸（jībǒ）〕箕，用竹篾、柳条或铁皮等制成的扬米去糠麸或清除垃圾的器具。簸，用簸箕颠动米谷，扬去糠秕和灰尘。箕簸，用箕簸扬。

译文：

　　飏扇是扬谷器，其构造为内部有根悬挂横梁轴，轴上排列穿插着四块或者六块扇板，扇板用薄的木板或竹子做成。又有立扇、卧扇的差别。各带有可摇动旋转的轴，有的用手转，有的用脚踩，摇动它就随之而转。凡是到了春米碾米的时候，将糠米放置在围板的斗中，斗底贯通作扁缝，向下倾倒时就像筛选糠米一样，就将机器的轴转起，像风扇一样扇它，那米壳、碎米就去除，于是得到了干净的米。还有将它抬到收谷物、种蔬菜的地方使用的，称它为扇车。凡是揉搓打下的麦禾等庄稼时，遇到茎秆、碎屑混合在一起（的情况），也需要用到这种风扇车，比用杴抛筛、用箕簸扬的成效好多了。

🌿 **文献二**

　　精良止如留，疏恶去如摈①。如摈非尔憎，如留岂吾吝②。无心以择物，谁喜亦谁愠③。翁乎勤簸飏④，可使糠秕⑤尽。

　　　　　　　——〔宋〕王安石《和圣俞农具诗十五首·飏扇》

注释：

①〔摈（bìn）〕排斥，抛弃。

②〔吝（lìn）〕过分爱惜；舍不得。

③〔愠（yùn）〕含怒；怨恨。

④〔簸飏（bǒyáng）〕将谷物等扬起，利用风或气流分离或吹掉其中

的谷壳、灰尘等杂物。

⑤〔糠秕（kāngbǐ）〕谷皮、谷壳和瘪谷，比喻粗劣琐碎或无价值的事物。

译文：

精华良好的要保留，粗恶低劣的则要丢弃。丢弃并不是出于对你的厌憎，留下也不是出于我的爱惜。我没有心思特地去选择，怎么说得上是喜欢和愠怒呢？老翁勤劳地用飏扇簸扬，就能让稻壳和瘪谷都消失。

二、博物致知

风扇车也叫"飏扇""扇车""风车"，是我国水稻生产中重要的农具之一，其历史悠久，广泛见于我国南方地区。人们很早就会在有风的时候，将谷物抛至空中，对谷物进行筛选，但这种方法受制于天气情况。使用风扇车则可利用产生的风力来达到对谷物的清选、去壳等目的。

✿ 风扇车的演变 ✿

根据文献记载，在西汉时期，我国劳动人民就发明了风扇车。长安匠人丁缓曾制作出一个轮轴上装有七个轮叶的旋转式风扇车"七轮扇"，达到鼓风的效果。北宋的军事著作《武经总要·前集·守城》中绘有一个以轴上曲柄转动的风扇车，是鼓风之具，可作为军用。凡地道中遇敌，用扇飏石灰，簸火球烟以害敌。

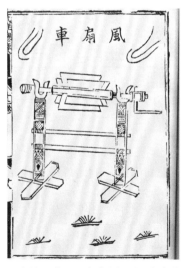

北宋曾公亮、丁度《武经总要》中的风扇车图

51

风扇车也用于清选粮食。元代王祯《农书·农器图谱·杵臼门》中所绘的"飏扇"是扬谷器，轮轴上装有曲柄连杆，以手摇或脚踏连杆使轮轴转动。这些都是敞开式风扇车，没有特设的风道，风扇产生的风是向四面流动的。

西汉史游《急就篇》就有"碓硙扇隤舂簸扬"之说，这里的"扇"便是"扇车"，可见，当时风扇车的使用已相当普遍。由汉墓出土的几个陶风扇车模型可见其总是和舂米的米碓相连。随着不断改进、完善和推广，到了宋元时期，风扇车不仅作为重要的农具之一被详细载入农书，且有许多歌咏风扇车的诗词。

从出土的汉代风扇车模型和画像砖来看，闭合式的风扇车可能产生于西汉晚期。早期的风扇车箱体为长方体，风轮运转时会从箱角形成涡流，涡流对风轮的阻力很大。为了克服涡流现象，工匠在总结实践经验的基础上，将长方体风箱改为圆柱体，用流线型结构来理顺空气的流动方向。大约在南宋时，风扇车的箱体逐渐由方变圆，技术上得到了相应的改进和完善，使用时更为省力省时。

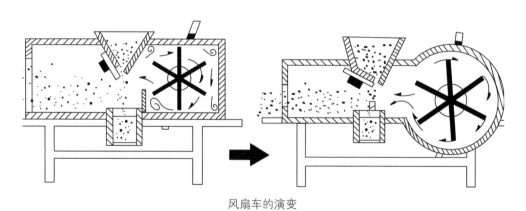

风扇车的演变

明代宋应星的《天工开物》中绘有闭合式的风扇车，图中在轮轴、扇板和摇柄等部件的右边，是一个特制的圆柱体风箱，摇柄周围的圆形空洞，就是进风口。左边有长方体风道，来自谷斗的稻谷通过斗阀穿过风道，饱满结实的谷粒落入出粮口，而谷皮、瘪谷、杂物则沿风道随风一起飘出风口。

◟ 风扇车的结构 ◞

风扇车一般由谷斗、风扇、摇柄、风箱谷道、风道等构成。

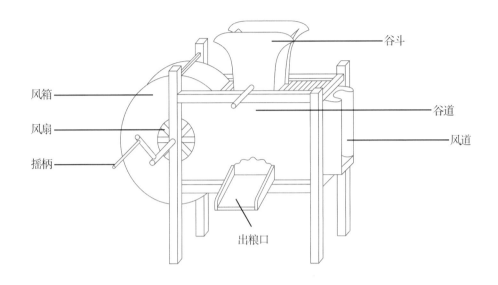

◟ 风扇车的原理 ◞

风扇车是利用流体力学、惯性、杠杆、轮轴等物理原理，人为地强制空气流动，用以把脱粒后的谷物与混在其中的茎秆、碎屑、尘土等分开，或把舂过、碾过的谷物中的谷粒与糠皮分开的农具。风扇车利用瘪谷或碎壳较轻被风吹远，而饱满谷粒较重会自然下落，实现对清洁饱满谷粒的高效收集。

三、博古通今

风扇车是我国古代劳动人民利用风能的创举。中国古代旋转式风扇车的进气口总是位于风腔中央，较为科学，因而它是所有离心式压缩机的祖先，是中国古代劳动人民智慧的结晶。

随着铁器的广泛使用，风扇车也由纯粹木制而逐渐将摇柄、风扇轮叶片等许多部件改成铁制的，直到现在出现了全部铁制的风扇车，使风扇车更易制造、更坚固耐用。随着动力的发展，风扇车从原来的使用人力改变为使用畜力、水力、蒸汽、电力，极大地减轻了劳动强度，提高了成效，使之适用于大规模农业生产的需求。

随着城市化进程加快，今天的农民不仅需要"科技"，更需要"效率"。现代农业是科技农业、智慧农业，有了科技的加持，农业得以发展得越来越好。

如今分离稻谷和糠秕，则利用现代设备自动化加工，筛选去除杂质。稻谷先进入碾米机，去掉稻壳。分离出来的糙米再进入分离机中，糙米在大型砂轮上翻滚分离，去除表面黄色的麸皮，就变成了白花花的大米。

四、博识广践

我们可以用一些简单易得的材料仿制一个简易风扇车模型，通过动手制作的过程，进一步了解风扇车的结构和运作原理，感受古人的科技智慧。

材料与工具

材料：瓦楞纸板 2 块、卡纸 2 张、一次性筷子 2 根、粗吸管 2 根、回形针 1 枚。

工具：笔、美工刀、打洞器、透明胶带、圆规、卷笔刀、双面胶、剪刀、钳子、直尺。

（注意：使用工具时务必注意安全，须在家长监护下操作。）

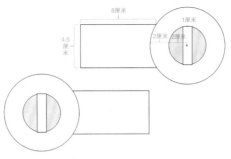

步骤①主体两侧部分的模板

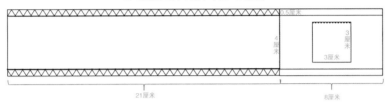

步骤②风箱的模板（长的部分）

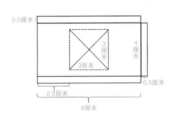

步骤②风箱的模板（短的部分）

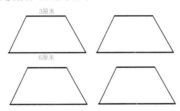

步骤⑤谷斗部分的模板

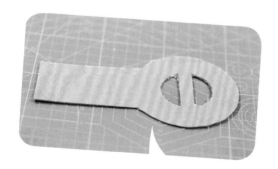

① **制作主体部分**

　　我们先做风扇车主体的两侧部分，形状像棒棒糖，由长8厘米、宽4.5厘米的矩形和直径为4厘米的圆组成，即风扇车的谷道和风箱的侧面。将画好的风扇车主体两侧部分的模板放在瓦楞纸板上，沿着外沿剪下，将灰色部分镂空，在风箱圆心位置用圆规戳一个洞。这样的侧板需要2块。

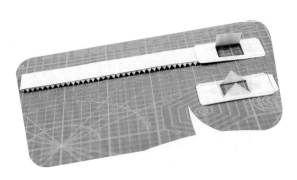

② 制作谷道部分

　　风扇车的风箱模板分为长短两个部分。沿卡纸上风扇车的风箱模板边缘小心剪下。长的部分最右侧的 3 厘米见方的正方形三边需要用美工刀小心划开后翻折，作为谷道底部部分。短的部分中间的 3 厘米见方的正方形，需要用美工刀沿对角线划开后翻折，作为谷道顶部部分。

③ 制作风扇部分

　　在瓦楞纸板上画 2 个长 6 厘米、宽 3 厘米的长方形，剪下。分别在 2 个长方形一条长边正中间沿垂直线剪一刀 1.5 厘米长的口子。将回形针用钳子扳直，然后沿刚才那条垂直线从其中一个长方形瓦楞纸板中间穿过，另一片长方形瓦楞纸板以十字交叉方式穿插其上。风扇制作完成。

扫码观看视频

④ **连接主体谷道与风扇**

在主体侧面板内侧边缘贴上双面胶，先将风箱周边一侧沿边粘上，然后将风扇穿入风箱中心位置，与另一片主体侧面板连接，并与风箱周边一起粘上。然后用钳子将主体两块侧面板上露出的回形针一头扳弯封住，另一头弯成把手状。

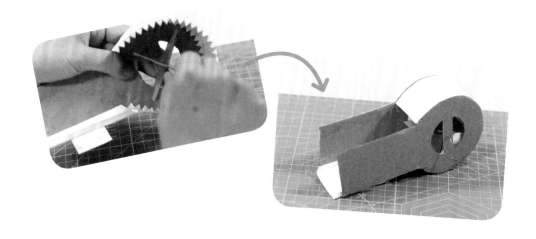

⑤ **制作谷斗部分**

将卡纸谷斗模板上的 4 个等腰梯形剪下，用透明胶带将其斜边两两相接粘起来，作为谷斗。用双面胶将谷斗口和谷道顶部部分粘上。将谷斗粘在刚才做好的主体上。风扇车主体部分完成。

⑥ 制作支架部分

　　将粗吸管剪成8厘米长的4段。在每根吸管距一端0.5厘米处用打孔机打一个孔。在每根吸管距一端1.5厘米处，垂直于第一次的打孔方向，再各打一个孔。取3根一次性筷子，将其中一根截成8厘米的2段，然后将每一端用卷笔刀修整一下，将2根一次性筷子分别穿过第一次打的4个孔，将2根8厘米的筷子分别穿过第二次打的4个孔，4根筷子与4段粗吸管连接，交叉成矩形。支架部分完成。

⑦ 组装风扇车

　　将主体部分搁到支架上，风扇车模型就做好了。

　　手摇把手，可以清晰感受风扇车的运作原理。就像前文中王祯《农书》关于"飏扇"的描述一样，"**即将机轴掉转扇之，糠秕既去，乃得净米**"。

拓 展 思 考

风扇车是利用扇风来筛谷的。因为谷物颗粒与杂质的重量不同，所以风会将较轻的那一部分吹走，保留下较重的部分。

市面上的瓜子大多带壳销售，然而也有一部分餐饮企业、食品加工企业出于方便食客的目的，提供剥去外壳的瓜子仁。如何批量、快速地给瓜子仁脱壳？请你查找瓜子仁脱壳机的资料，了解机器的运作原理，然后思考以下问题：在风扇车的基础上增加哪一个装置，就可以将其制作成一台简易的瓜子仁脱壳机？

（扫描第 2 页二维码可见参考答案）

测量工具

　　测量工具与人们的生产生活密切相关，测量工具、测量技术的应用与发展为生产力的发展创造了条件。西汉司马迁在《史记·夏本纪》中叙述禹受命治理洪水时写道："左准绳，右规矩，载四时，以开九州，通九道，陂九泽，度九山。"这其中就出现了"规""矩""准""绳"等测量工具。智慧的中国古代劳动人民最初就是用这些测量工具看天圆地方，观日月星辰，测四时，定方向，定平直，量长短。可以认为，上至天文宇宙，下至行路经商，测量对于人们生产生活的各个方面都有着深刻的影响，测量工具不断发展完善，提高了测量精度和测量效率。

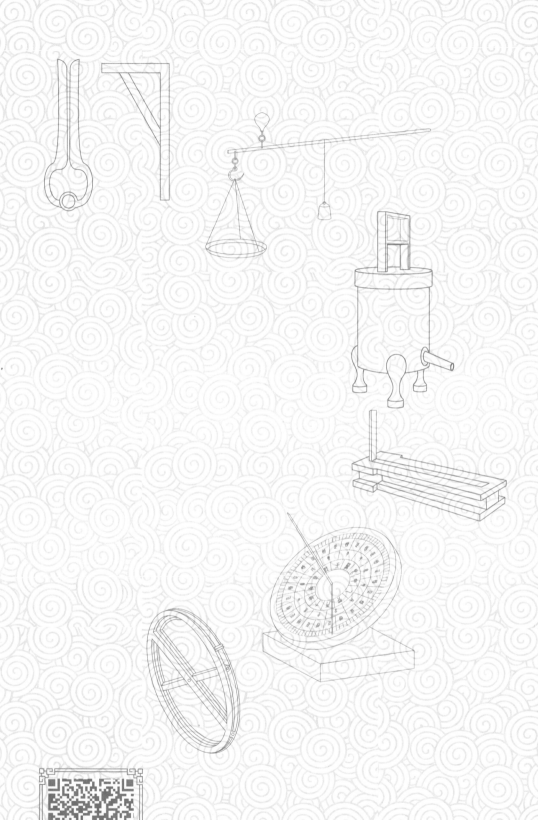

规矩

　　今天我们在生活中常说"规矩"一词，其实在古代"规"和"矩"最初分别指的是两件画图、测量和检验的工具——圆规和矩尺。这两件工具在古代中国人的生产生活中起到了举足轻重的作用，并一直使用至今。

　　在人们心目中，规矩的起源可以追溯到相当早的时候。伏羲和女娲是中华神话中人类的始祖，在四川出土的汉代画像砖、西魏敦煌壁画和新疆出土的多幅唐代绢本画上，都出现了他们的形象。可以看到，伏羲女娲通常会手持规矩。

四川博物院伏羲女娲手持规矩画像砖

一、博学于文

　　"规"与"矩"是中国古代工匠常用的画图、测量工具,在《考工记》中就有相关的记载;而在《周髀算经》中,则借商高之口着重讲述了"矩"的测量功能。

> ◉ 文献一
>
> 　　……是故规之以视其圜①也,矩之以视其匡②也,县③之以视其辐④之直也,水之以视其平沈⑤之均也,量其薮⑥以黍⑦,以视其同也,权⑧之以视其轻重之侔⑨也。故可规、可矩、可水、可县、可量、可权也,谓之国工。
>
> 　　　　　　　　　　　　　　——《周礼·考工记·轮人》

注释:

　　①〔圜(yuán)〕同"圆"。圆形。

　　②〔匡(kuāng)〕方正。

　　③〔县(xuán)〕"悬"的古字。挂。

　　④〔辐(fú)〕车轮的辐条。

　　⑤〔沈(chén)〕也作"沉"。沉入水中。

　　⑥〔薮(còu)〕车轮中心的车毂中空处。

　　⑦〔黍(shǔ)〕黄米一类的谷物。

　　⑧〔权(quán)〕称量物品的轻重。

　　⑨〔侔(móu)〕相等;相当。

译文:

　　用规来检验看轮圈圆不圆,用矩来检验看(辐条与轮的外周相交处)是否成直角,用悬绳来检验看上下辐条是否对直,(将两只轮子)平放入水中来观测轮子浮沉的深浅是否相等,用黍来测量以观察毂中空之处的大小是否相同，用天平衡量两轮的重量是否相等。因此如果造出的轮子能够圆中规、平中矩，也经得起浮水、悬绳、黍量、称重的检验，（这样的工匠）就可以称为"国工"了。

📖 文献二

　　周公①曰："大哉言数！请问用矩之道。"商高②曰："平矩以正绳，偃③矩以望高，覆④矩以测深，卧矩以知远，环矩以为圆，合矩以为方。"

——《周髀⑤算经》

注释：

　　①〔周公（Zhōugōng）〕姬旦。周初政治家。周文王之子，周武王之弟。曾辅佐武王灭商，武王死后摄政。

　　②〔商高（Shāng Gāo）〕周代数学家，发现勾股定理并在中国最早提出其应用。

　　③〔偃（yǎn）〕倒下，倒伏。

　　④〔覆（fù）〕翻转，翻倒。

　　⑤〔周髀（Zhōubì）〕古代天文学、数学著作。后人加了"算经"二字，称为《周髀算经》。周，指周城。髀，指股。书中用了勾股之法测算天体运行，立测量日影的表为股，表影为勾。书的主要成就是介绍了勾股定理及其在测量上的应用，以及如何引用到天文计算。

译文：

　　周公说："数学真是了不起啊！请问要怎样使用矩呢？"商高答道："把矩的一边水平放置，另一边靠在一条铅垂线上，就可以判定绳子是否垂直；把矩的一边仰着放平，就可以测量高度；把测高的矩颠倒过来，就可以测量深度；把测高的矩水平放置在地面上，就可以测出两地间的距离；将矩环转一周，可以得到圆形；将两矩合起来，可以得到方形。"

二、博物致知

❧ 规矩的起源 ❧

从新石器时代的陶器器形、建筑遗址的轮廓，以及夏商周时期的大量青铜器器形中都可以看出，古代中国人对圆、方等几何形状很早就有所认识。"规"与"矩"很有可能就是伴随着这些几何形状出现的。

在中国，关于"规"与"矩"发明者的传说存在多个版本。有人说"规"是伏羲发明的，"矩"则是女娲发明的；也有人说"规""矩"以及"准""绳"都是巧工"垂"发明的。在大禹治水的传说中，则将大禹的治水功绩与上述工具相联系，将他描述成右手执"规""矩"，左手持"准""绳"的形象，称他"望山川之形，定高下之势"，做了大量的地形测量工作，依靠这些工具才完成了治水使命。

洛阳二里头夏都遗址博物馆大禹治水浮雕

❧ 规矩的结构 ❧

从出土的汉代画像砖石上可以看到："规"有两个平行的脚，一个脚用来固定圆心，另一个脚用来画圆——这与现代木梁圆规相似；"矩"

则由两根夹角为直角的木条组成，矩尺两臂的木条一长一短，短的称"勾"，长的称"股"——两臂长短不同，更方便持握操作和查读数据。

◢ 规矩的应用 ◣

相传，夏代负责管理造车的官员"车正"奚仲在造车时，"方圜曲直，皆中规矩准绳，故机旋相得，用之牢利，成器坚固"。这是说奚仲所设计创造的车结构合理，各个部件的制作均有一定的标准，因而十分坚固耐用，驾驶起来也相当灵便。而测量部件是否符合标准的依据正是规、

木车轮

矩等工具，时至今日，一些木工匠人在制作木器时还应用着这些工具。

西周初期周文王的第四子周公姬旦曾向著名数学家商高请教"要如何认识世界"。商高回答说，要想认识这个世界，人们可以用测量和计算来得知数据。而要想得到关于世界的数据，就必须先制造测量工具。这个测量工具的形状符合"勾（短直角边）广三，股（长直角边）修四，径（斜边）隅五"，这个直角三角形工具所指的就是矩尺。从某种意义上来说，规与矩代表着古代中国人认识世界的方式。

三、博古通今

古代中国人从大自然中获得灵感，所谓"天圆地方，取法天地，乃成规矩"。"规"和"矩"使得古代工匠们能够创造出各种形制规整的器物，还进一步利用它们在器物上精准地绘制出弧形、方形、三角形等各种几何图案。而"几何"源于希腊语"土地"与"测量"两个词的合成，几何学在初期就是有关长度和角度、面积与体积的经验原理，其目的也是满足

测绘、建筑、天文和工艺制作的需要。

由朴素的"规""矩"等发展而来的测绘工具如今已经相当先进，例如激光测距仪、测距望远镜等仪器可通过发射一束或一个序列的激光脉冲束到被测物体，激光经被测量物体的反射后又回到测距仪的探测端，测距仪

用于道路工程、建筑工地等的现代测绘仪器

通过计算激光往返的时间获得测距仪和被测量物体之间的距离。

今天我们生活中所说的"规矩"一词，被用来表示一定的标准、法则或习惯，或形容人的行为端正，合乎标准或常理。这其实也是这两种工具在语言文化中的一种延伸与发展。

四、博识广践

圆规作为学习数学时常用的工具，其使用方式较矩尺而言更为我们所熟知。其实矩尺在作图时也有自己的独特之处。这里我们介绍一种利用圆规和直尺来制作简易矩尺的方法，并体验一下矩尺的使用方式。

材料与工具

材料：硬纸板1块。

工具：直尺、美工刀、圆规、铅笔。

（注意：使用工具时务必注意安全，须在家长监护下操作。）

① 绘制直角

使用圆规在纸板的左下角画出一个圆形，并用铅笔将圆心点出；以同样的半径在圆形右侧画出另一个圆，同样将圆心点出，并且确保两个圆相交，形成两个交点。分别将两个圆的圆心连线、交点连线，形成一个"十"字形，这样就得到了直角。

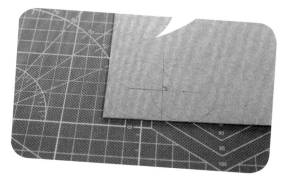

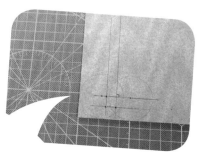

② 绘制轮廓

用直尺从"十"字形的中心点开始，向四个方向分别画线，向上画9厘米，向右画4厘米，向左画1厘米，向下画1厘米。使用圆规量取半径1厘米，分别以"十"字左侧顶点、下方顶点为圆心画两段圆弧并使其相交，得到一个交点。用直尺分别画出穿过该交点与左侧顶点的直线，以及穿过该交点与下方顶点的直线，就得到了矩尺的大致轮廓，呈"L"形。

扫码观看视频

③ 确定刻度

用直尺从 "L" 形外侧的直角顶点开始，向上方量取 10 厘米，向右侧量取 5 厘米，分别留出一些余量，并将每 1 厘米的刻度做标记，形成矩尺外侧两条边的刻度；用同样的方法可以画出矩尺内侧两条边的刻度，然后将矩尺内外两侧边的最上方两个端点连起来，最右侧两个端点也连起来。

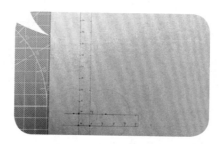

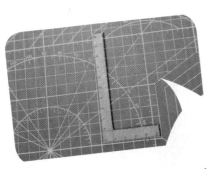

④ 裁剪成型

用美工刀和直尺沿着矩尺的轮廓将整个形状切下，简易的矩尺就做好了。

参考下图，试着利用这把简易的"矩"，在白纸上画出特定形状的直角三角形（如等腰直角三角形）。注意观察使用内侧和外侧刻度时的差异。

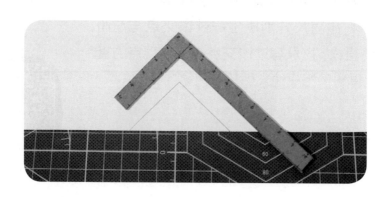

拓 展 思 考

"不以规矩，不能成方圆"简明地指出了"规"与"矩"的测量功能。其中矩尺因其自带直角而在多种场合被使用。如果仔细观察，就会发现房间的四个角落、立柱与横梁的夹角、树木与地面形成的角度等都是直角，可以说直角是我们最常见到的角度，甚至是构成世界的重要基础。作为第一条揭示直角秘密的定理，勾股定理被称为"几何学的基石"，也是第一个把数与形联系起来的定理，三角函数之间的关系由它推演而来。

说到三角就让人联想到三角尺，请你想一想，三角尺与矩尺之间有哪些异同？如何根据不同的场景选择适合的工具？

建筑设计师使用三角尺绘图

（扫描第 62 页二维码可见参考答案）

杆秤

　　在一根杠杆上设置支点或安装吊绳作为支点，其一端挂上重物，另一端挂上砝码或秤砣，就可以称量物体的重量。古代人称秤为"权衡"或"衡器"——"权"就是砝码或秤砣，"衡"就是秤杆。其中所蕴含的，是古代中国人通过对自然现象的观察和生产劳动的实践所获得的朴素的力学知识。

杆秤

一、博学于文

杆秤是人类发明的衡器中历史最悠久的一种，在古籍中也多有提及。如《墨子》中记录了墨家学派通过研究其称量过程得到的对杠杆的认识，而《衡论》则强调了杆秤的重要作用。

📖 文献一

故招①负衡②木，加重焉而不挠③，极胜重也。右校交绳，无加焉而挠，极不胜重也。衡，加重于其一旁，必捶④，权⑤重相若也。相衡，则本短标长。两加焉，重相若，则标必下，标得权也。

——《墨子·经说下》

注释：

① 〔招（zhāo）〕直木。

② 〔衡（héng）〕横。

③ 〔挠（náo）〕弯曲。

④ 〔捶（chuí）〕下垂。

⑤ 〔权（quán）〕秤砣。

译文：

直木上负担着横木制成桔槔，横木的一端（称为本端，此处设为在右）加上物重而另一端（称为标端）不翘起，是由于标端的重力矩超过本端的重力矩。如果此时把"交绳"（杆上用于系重物的绳子）向右移动，即使不增加物重，标端也会翘起，因为这时标端的重力矩没有超过本端的重力矩。在平衡的秤的一端加上物重，那么这一端一定会垂下去，因为平衡时秤砣与物重本来是相近的。如果加了物重却能平衡，那说明加物一侧的"本"要短一些，加秤砣一侧的"标"要长一些。在这样平衡的秤两端都加上物重，如果加的物重相近，那么标端一定会下垂，因为这一端相当于增加了秤砣。

文献二

先王欲杜[1]天下之欺也，为之度，以一天下之长短；为之量，以齐天下之多寡；为之权衡，以信天下之轻重。故度、量、权衡，法必资之官，资之官而后天下同。

——〔北宋〕苏洵《衡论·申法》

注释：

①〔杜（dù）〕杜绝，制止。

译文：

先王想要杜绝天下的欺骗，就设立了计量长短的标准"度"，好让天下的长短能够统一；设立了计量容积的器具"量"，好让天下测量数量多少能够整齐；设立了计量轻重的秤"权衡"，好让天下称量轻重能够准确。所以计算长短、容积、轻重的法规必须由官府制定，凭借官府才能让天下同一。

二、博物致知

人类对杠杆的使用可能远比我们想象的要早。当原始人使用一根棍棒撬动一块巨石，或是石器时代的人利用天然绳索将石刃和木柄捆绑在一起，这都是在使用杠杆。而以杆秤为代表的衡器的发明和应用，则是杠杆在我国发展的一个典型。

杆秤的演变

杆秤历史悠久，《吕氏春秋·古乐》中就记载黄帝使伶伦"造权衡度量"；《史记·夏本纪》记载夏禹"声为律，身为度，称以出"。春秋中晚期，楚国已经制造了小型的衡器——木衡、铜环权，用来称黄金货币。中国历史博物馆藏有一支战国时的铜衡杆，这种衡器不同于天平，与不等臂天平更为接近。经过逐步演化，衡杆的重臂缩短，力臂加长，成为现代我们看到的杆秤。

我国湖南长沙东郊楚墓出土的文物中，已有各种精致的砝码、秤杆、秤盘、系秤盘的丝线和提绳等。汉墓出土的公元前200年的文物中，则有各种规格的杆秤砣。1989年，在陕西眉县常兴镇尧上村的一座汉代单窑砖墓中，发现完整的木质杆秤遗物，其制作时间约在公元前1世纪至公元1世纪间。

上海博物馆馆藏秦代铜权

徐州博物馆馆藏西汉石权

杆秤的结构与种类

杆秤作为一种简易衡器，一般以带有锥度的木杆或金属杆为主体，并配有金属秤砣、秤钩、秤盘、秤纽等部件。杆上带有作为刻度的星点，按北斗七星、南斗六星及其旁"福""禄""寿"三星共十六星，设十六两为一斤。因北斗七星主亡，南斗六星主生，三星主福禄寿，这一设计有提醒生意人切勿缺斤短两，否则"少一两折福、少二两损禄、少三两减寿"的含义。

杆秤结构简单、携带使用方便且造价低廉。按使用范围和称量的大小，杆秤还可以分为"戥子""盘秤"和"钩秤"三种。其中最短的戥子杆长仅 11 厘米左右，一般用于称金银、珠宝、药品等分量较小的贵重物品。而一些称量较重物件的大秤，有时得两三个人抬着称，也叫抬秤。

戥子

❧ 杆秤称量的原理 ❧

在称重时根据被称物的轻重，在秤杆上移动砣绳与秤砣使其保持平衡。根据平衡时砣绳所对应的秤杆上的星点，即可读出被称物的质量示值。无论是哪一种杆秤，在称量过程中，利用的都是简单的杠杆原理：秤杆以秤纽为支点转动，当它平衡时，秤砣的重量和秤砣距秤纽的距离的乘积等于货物重量和秤盘悬挂点距秤纽的距离的乘积。

三、博古通今

杆秤作为中国发明的传统衡器，属于度量衡"三大件"（尺、斗、秤）的重要组成部分，在我国应用了数千年。它是中华民族用于衡重的基本工具，并且在文字中留下了深深的印记。如今我们使用的很多词语和杆秤有着密切的关联，例如"衡量"原意既指衡器和量器，也指量度物体的重量和容积的动作，进一步则引申为考虑、斟酌事物的轻重得失。其他的如"权衡""权重""平衡"等，其基本语义与引申义也大多与测量有关。

时至今日，传统的杆秤仍有一定的市场，一些农户会为了避免在买卖交易时心中无数而随身携带一根杆秤。而传统手工做秤的技艺更是集中了东方人崇尚简洁实用的高度智慧，凝结了大量的精巧工艺技术，蕴藏着丰富的专业知识，至今仍具有特殊的科学工艺、历史人文和社会学研究价值。

现代手工秤

同时，当今的称重测量技术取得了惊人的进展，主要表现为由静态测量向动态测量、在线测量和模型化测量方向发展。尤其在动态数学模型的建立上，系统理论、模糊理论、人工智能、神经网络、数字滤波、振动理论、阻尼技术等得到广泛应用，系统的自诊断、自适应及功能自组织的形成，使称重测量向信息处理智能化、组合化和功能自适应的方向发展。

四、博识广践

手工制作杆秤的工艺在我国流传较广、历史悠久，所用材料和具体做法则因地方不同而略有差异。这里我们介绍一种利用一次性筷子就可以制作的简易杆秤，让大家可以对这一工具的使用与特点有所体验。

材料与工具

材料：一次性筷子 1 根、一次性纸杯 1 个、棉线 1 捆、一元硬币若干。

工具：剪刀、透明胶带、锥子、铅笔、直尺。

① **制作秤杆**

在一次性筷子后部用锥子钻一个孔，用来悬挂秤盘；从筷子后部孔的位置朝前空出适当距离标记一下，系紧棉线并用透明胶带固定，做成秤纽。

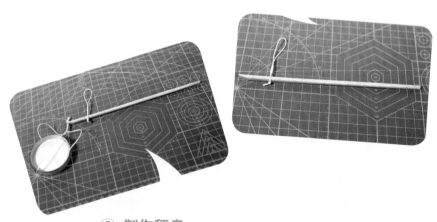

② **制作秤盘**

用剪刀剪下一次性纸杯底，在其圆周的三等分点处用透明胶带固定 3 段长度相等的棉线，并将其另一端收拢，穿过秤杆上预留的孔后打结固定，做成悬挂在秤杆上的秤盘。

③ 寻找 "定盘星"

将一枚硬币绑上棉线作为秤砣并挂上秤杆, 秤盘内不放重物, 秤盘底用透明胶带粘贴 2 枚一元硬币作为配重。提起秤纽, 移动秤砣使秤杆平衡, 此时秤砣所在位置就是 "定盘星", 即零刻度。用铅笔作记号, 标上刻度。

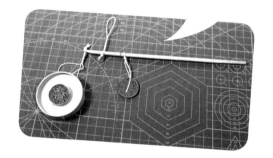

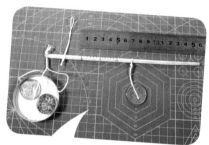

④ 记录刻度

在秤盘上放上一枚一元硬币 (约 6 克), 提起提纽, 移动秤砣, 使秤杆保持平衡, 用铅笔在棉线与秤杆贴合的位置上画一根刻度线, 记作 "6"。接着在秤盘上再放上一枚一元硬币, 用同样的方法再画上一根刻度线, 记作 "12"。以此方法类推, 确定并画出其他的刻度。最后量出每两根刻度线之间的距离, 进行均分, 确定表示每一克的刻度位置, 简易的杆秤就完成了。

扫码观看视频

试着使用简易杆秤进行称量实验，可以用其他面额的硬币来测试刻度是否准确（如不锈钢材质的一角硬币重约 3.2 克），并确定杆秤的称量范围。

拓 展 思 考

《墨子·经说下》中最早关于秤及杠杆的记述虽然没有留下定量的数字关系，但已经将杠杆的平衡条件叙述得十分全面，这说明当时中国人在实践中掌握了杠杆原理，比阿基米德发现杠杆原理要早约 200 年。

古代中国人发明的有两个秤纽的"铢秤"也是一项有力证明。使用这种秤，只需变动支点（秤纽）而不需要换秤杆就可以称量较重的物体。

请利用自己制作的杆秤进行调整支点的实验：试着将秤纽的位置进行移动，此时"定盘星"的位置要相应地作怎样的调整呢？称量范围是变大还是变小了？请将实验的结果写在下面的表格里。

	将秤纽向秤盘一端移近时	将秤纽从秤盘一端移远时
定盘星位置发生的变化		
称量范围发生的变化		

（扫描第 62 页二维码可见参考答案）

漏刻

"日出而作，日入而息"，这是对古人生活作息常用的一种描述。但先民对于时间的认识远不止于此，人们很早就认识到时间的计量具有重要意义。无论是天子还是百姓，皇家还是民间，道士炼丹、大夫诊脉，古人生活的方方面面几乎都离不开计时，而漏刻正是人们为此创造的一类装置。

沈括浮漏

一、博学于文

"漏刻"又称"刻漏"。不同类型的计时工具都以其独特的方式帮助人们把握时间，服务于国计民生。《史记》"田穰苴斩庄贾"的故事里就出现了使用"漏"计时的记述，而《元史》里则详细记载了漏刻形式之一的"碑漏"的形制与计时方式。

📖 文献一

穰苴①既辞，与庄贾约曰："旦日②日中会于军门。"穰苴先驰至军，立表下漏待贾。贾素骄贵，以为将己之军而己为监，不甚急；亲戚左右送之，留饮。日中而贾不至。穰苴则仆③表决漏，入，行军勒兵，申明约束。约束既定，夕时，庄贾乃至。……召军正问曰："军法期而后至者云何？"对曰："当斩。"庄贾惧，使人驰报景公，请救。既往，未及反，于是遂斩庄贾以徇④三军。三军之士皆振栗⑤。

——〔西汉〕司马迁《史记·司马穰苴列传》

注释：

①〔穰苴（Ráng jū）〕人名，即田穰苴，又称司马穰苴。春秋后期齐国将领。

②〔旦日（dàn rì）〕明天，第二天。

③〔仆（pū）〕放倒，推倒。

④〔徇（xùn）〕巡行示众。

⑤〔振栗（zhèn lì）〕颤抖。

译文：

穰苴（向齐景公）辞行后，和庄贾约定说："明天正午在营门会齐。"第二天穰苴率先赶到营门，立起木制杆子（观测日影来计时）、设置漏壶（计量时间）来等待庄贾。庄贾一向骄盈显贵，认为率领自己的军队，自己又做监军，就不特别着急；亲友为他饯行，留他喝酒。正午了庄贾还没到来。穰苴就放倒木杆、打破漏壶，进入军营，巡视营地，整饬军队，宣布各种规章号令。等部署完毕，已是日暮时分，庄贾这才到来……穰苴于是把军法官叫来问道："按照军法，约定时刻迟到的人该如何处置？"军法官回答说："应当斩首。"庄贾很害怕，派人飞马报告齐景公，请他搭救。报信的人去后，还没来得及返回，穰苴就把庄贾斩首，向三军巡行示众。全军将士都震惊害怕。

📖 文献二

都城刻漏，旧以木为之，其形如碑，故名碑漏，内设曲筒，铸铜为丸，自碑首转行而下，鸣铙①以为节，其漏经久废坏，晨昏失度。大德元年，中书俾②履谦③视之，因见刻漏旁有宋旧铜壶四，于是按图考定莲花、宝山等漏制，命工改作，又请重建鼓楼，增置更鼓并守漏卒，当时遵用之。

——〔明〕宋濂④、王祎⑤《元史·齐履谦传》

注释：

① 〔铙（náo）〕铜制打击乐器。

② 〔俾（bǐ）〕使，让。

③ 〔履谦（Lǚqiān）〕即齐履谦，元代数学家。字伯恒。

④ 〔宋濂（Sòng Lián）〕元末明初文学家。字景濂，号潜溪。

⑤ 〔王祎（Wáng Yī）〕元末明初文学家、史学家。字子充。

译文：

都城的刻漏，过去用木制成，形状如碑，所以叫作碑漏。里面设有曲折的管道，用铜铸成球，从碑顶部辗转滚下，打击铜铙报时。这个刻漏年久失修，陈旧损坏，计时误差很大。大德元年（1297 年），中书省让齐履谦察看。他看到刻漏旁有四个宋朝的旧铜壶，于是按图考核审定莲花、宝山等刻漏形制，让工匠改制。他又申请重建鼓楼，增加负责更鼓和看守刻漏的军卒，当时都遵照这一套制度来施行。

二、博物致知

❦ 计时工具的演变与漏刻的产生 ❦

人们的生活离不开计时，古人会在不同的场合使用不同的计时工具。最初，人们根据日月星辰的出没估计时间；后来他们观察到阳光下树影、房影的移动，进而用"立竿见影"的方法创造了最初的"表"，随后又发展出了"圭表""日晷"等。但这些计时仪器只能在有太阳的时候工作，夜间或阴天怎么办呢？"漏刻"由此诞生，还分化出多种形式。

❦ 漏刻的主要类型、结构与运作原理 ❦

漏刻一般指漏壶，主要为箭漏。漏刻也有多种特殊形式，如秤漏、香漏、辊弹漏刻等。

箭漏

中国早期的漏刻多是箭漏——在壶中插一根称为"箭"的标杆，箭上刻有刻度；箭由小舟托着浮于水面。依靠水流出壶时，箭下沉指示时刻的叫"沉箭漏"；依靠水流入壶中，箭上升指示时刻的称"浮箭漏"。

西汉武帝时期之前人们多用沉箭漏，直到西汉武帝时期出现单级浮箭漏。它由泄水壶和受水壶两只漏壶组成，受水壶内装有指示时刻的箭尺，随着水位上升、箭尺上浮，便可读出时间。古代农村常用的"田漏"也属于此类。

铜漏壶

西汉末已发展出二级浮箭漏——用上面的壶流出的水补充下面的壶，以提高流水稳定度；晋代时出现三级箭漏；到唐初，人们已经设计出总共四级的箭漏装置了。

秤漏

秤漏一般被认为由北魏道士李兰发明，通过用秤称水计算时刻。它与箭漏的主要区别在于其显时的方式与供水的稳定性。秤漏的一斤水对应一古刻（约 14.4 分钟），按一斤等于十六两算，一两水对应 54 秒，其灵敏度与精确度比当时的箭漏更高。

秤漏稳定流量的关键在于"渴乌"，也就是虹吸管。因为只

秤漏示意图

有一个泄水壶，流量会随壶内水位变化而变化，即随着时间的推移，流量越来越小。因此使用秤漏时，会在泄水壶的水面上放置"浮子"与"渴乌"相连。这样无论壶内水量如何变化，水面到"渴乌"入水口的高度始终保持恒定，从而可以稳定出流。

香漏

香漏即燃香计时，因成本低而广泛用于民间。"一炷香的工夫"就是通过观察香的燃烧长度了解时刻的一种方式。通过一定的设计，它还可成为简易的自动报时工具。《南汇县续志》中记载，明末有一叶姓寒门寡母教子读书，怕幼子过于劳累，"尝以线香，按定尺寸，系钱于上。每晚读，则以火熏香，承以铜盘。烧至系钱处，则线断钱落盘中，铿然有声，以验时之早晚，谓之香漏。"

除线香外，还有将香粉打成篆字形状的香篆用来计时。香篆点燃后

会依篆字笔画燃烧，视之以知时刻。另外，古人还以燃蜡作夜间计时，在蜡烛上刻五更的标识，入夜点燃，便可知大概时间。不过因制作与环境差异，以上方法一般精度较低。

香篆

辊弹漏刻

碑漏与星丸漏同属于辊弹漏刻。《金史》中记载："章宗明昌年间，金章宗完颜璟巡幸之时，命宫人携星丸漏，以知时刻。"据南宋薛季宣在《浪语集》中记载，其形制为一个高、宽各 2 尺并贴有"之"字形竹管的屏风，底部有铜莲花形的容器，另配有 10 个约半两重的铜弹丸。屏风上的竹管与水平面的夹角约为 15°。计时方式为计时人从竹管顶端投入铜弹丸，铜弹丸落入容器后便会发出响声，这时再投入一丸，如此重复操作。

以现在的时间单位计算，每投一次弹丸的间隔约 7.2 秒。只需知道开始时间，便可知时刻。因为投弹丸采用人工操作，所以精度较低，但其也有明显的优势：弹丸的滚落只与重力及摩擦力有关，因而星丸漏的使用环境并不受限，也常用于行军途中。

碑漏示意图

三、博古通今

在古代，漏刻与日晷配合工作，是古代主要的计时工具。然而，随着机械钟的发明，现代社会生活中基本不再使用漏刻了。不过，与漏刻有关的一些概念还是被保留了下来。比如，我们现在经常把"15分钟"说成"一刻钟"。古代漏刻的刻箭上标有刻度，分为100刻，用来表示一天的时间。如果用现代"1天为24小时，1小时为60分钟"的标准换算一下，不难发现刻箭上的1刻相当于现在的14分钟24秒，接近15分钟。于是，人们就用"一刻钟"代指"15分钟"。

比起漏刻，钟表计时虽然已经相当准确，但在许多生产、科研环境中还需要更准确的计时，现代计时工具仍然在不断进步。目前世界上最准确的计时工具是原子钟，它出现于20世纪50年代。原子钟利用原子吸收或释放能量时发出的电磁波来计时。这种电磁波稳定性高，配合一系列精密仪器的控制，可以使原子钟的计时达到极高的准确度，大约每2000万年误差才会达到1秒。这为天文、航海、宇宙航行等领域提供了有力的保障。

原子钟

四、博识广践

了解了漏刻的相关结构后，我们可以用各种简单易得的材料来进行仿制。接下来我们介绍利用身边的物品制作一个简易"星丸漏"的方法。

材料与工具

材料：吸管 7 根、硬纸板 1 块、超轻黏土 1 块、牙签 2 支。
工具：直尺、双面胶、量角器、铅笔、剪刀。

① **制作管道**

将 5 根吸管对半剪开，留出 9 段，并将每段吸管的两头剪成相互平行的 45° 斜口。另留出 2 根吸管作为侧边栏，将所有吸管排成管道的形状。

扫码观看视频

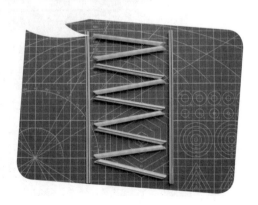

② **绘制背板**

　　使量角器的中心点与长方形纸板一角的顶点重合，将长方形纸板的底边作为角的一条边，用量角器量取10°的角，画出该角的另一条边对应的线段，然后沿该线与长方形边缘的交点画一条与底边平行的线，再从另一侧重复以上步骤，形成9段短吸管的管道布线。

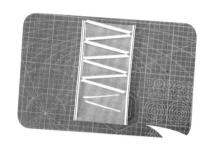 

③ **安装管道**

　　用较细的双面胶将所有短吸管粘贴在纸板上画好的线上，注意短吸管的斜口与斜口相对，将2根长吸管竖直紧靠两侧的开口粘牢，形成侧边栏。

④ **制作撑脚**

　　用牙签在两侧竖直吸管的底部扎入，并微微斜向上穿透纸板，调整牙签以使置于桌面上的牙签与纸板能够形成一个直角，做成整个装置的撑脚。用超轻黏土搓出若干个大小相近、直径小于吸管口径的小球作为配件，一个简易的"星丸漏"就完成了。

将超轻黏土所制的小球从顶端的吸管斜口投入。小球会沿着管道不断下降，最终落到桌面上。用现代的计时器，如秒表等进行测量，看一看一个小球"走"完全程所花的时间大约是多少秒，每次的时长是否都相等。

拓 展 思 考

唐初有位太常博士吕才制作了一组四级补偿式浮箭漏，也称吕才漏刻。这种漏刻有四个注水的匣，"一夜天池、二日天池、三平壶、四万分壶"，又有"水海"用以浮箭，内置一个铜人。

请你想一想，这种漏刻装置中的铜人在读取测量结果时起什么作用呢？

吕才漏刻示意图

（扫描第 62 页二维码可见参考答案）

圭 表

圭表是古代人用肉眼观测天象，借助工具、仪器以确定天体所在位置时使用的最原始的设备。几千年以来，人们长期使用圭表进行观测并且得到了相当精确的观测数据，在天文学上起到了非常重要的作用。

圭表竖起来的部分叫"表"，横着的部分叫"圭"，它是古代测量时间的器具。将它打开放在太阳底下，可以根据表的影子变化区间来记录时间。圭表除了用于计时之外，还有很多神奇的用途。

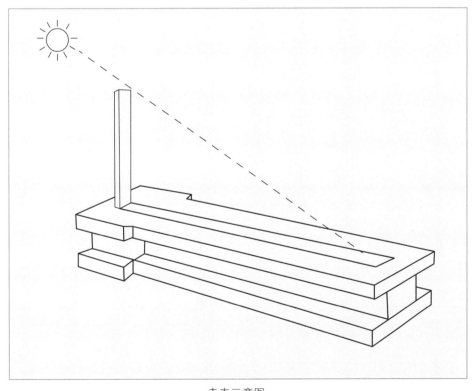

圭表示意图

一、博学于文

圭表也称"土圭"，在周代，已经出现雏形，并用于天文测量，在元代发展到最高水平，一直用到明代、清代。

📖 文献一

以土圭①之法测土深。正日景②，以求地中。日南则景短，多暑；日北则景长，多寒；日东则景夕，多风；日西则景朝，多阴。日至③之景，尺有五寸，谓之地中，天地之所合也，四时之所交也，风雨之所会也，阴阳之所和也。然则百物阜④安，乃建王国焉，制其畿⑤方千里而封树⑥之。

——《周礼·地官·大司徒》

注释：

① 〔土圭（tǔguī）〕古代测量日影长短的工具，也叫圭表。

② 〔景（yǐng）〕"影"的古字。影子。

③ 〔日至（rìzhì）〕夏至或冬至。此处指夏至。

④ 〔阜（fù）〕富足，丰厚。

⑤ 〔畿（jī）〕古代王都所领辖的方圆千里的地面。

⑥ 〔封树（fēngshù）〕堆土植树，划定疆界。

译文：

用土圭（圭表）测日影的方法测量土地四方的远近，校正日影，以求得大地中央的位置。（立土圭的）位置偏南日影就短，（那里）气候炎热。（立土圭的）位置偏北日影就长，（那里）气候寒冷。（立土圭的）位置偏东，得到的就是相当于傍晚的日影，（那里）气候多风。（立土圭的）位置偏西，得到的就是相当于早晨的日影，（那里）气候多雨。（测得）夏至（那天正午）的日影，长一尺五寸，（这个地方）就是大地中央，这是天地之气相和合的地方，是四时之气相交替的地方，是风雨适时而至的地方，是阴阳和合协调的地方。因而百物丰盛而安康，王于是在此建立王国的都城，以此为中心，制定了方圆千里的王畿并且堆积土、种树木作为疆界。

🔖 文献二

匠人建国，水地①以县②，置槷③以县④，眡⑤以景⑥，为规，识日出之景与日入之景，昼参诸日中之景，夜考之极星，以正朝夕⑦。

——《周礼·考工记·匠人》

注释：

① 〔水地（shuǐdì）〕以水平之法量地高下。

② 〔县（xuán）〕"悬"的古字。挂。

③ 〔槷（niè）〕古代插在地上以观测日影的木杆。

④ 〔县（xuán）〕同②。

⑤ 〔眡（shì）〕观看。

⑥ 〔景（yǐng）〕"影"的古字。影子。

⑦ 〔朝夕（zhāoxī）〕原指早晨和晚上，古代测不同时间的日影以定方向，此指方向，即东和西。（参见文献一中"日东则景夕""日西则景朝"）

译文：

匠人们建造都城的时候，用（立柱）悬绳挂水的方式来保证土地的水平，用悬绳附杆的方式来保证木杆的竖直，用以观察木杆在地面上的影子（辨别方向），然后以所立的木杆为圆心画圆，记录日出时和日落时木杆的影子与圆的交点，白天参考正午时的影子，晚上看北极星的位置，来确定东西方向。

🔖 文献三

典瑞①掌玉瑞玉器之藏，辨其名物，与其用事……土圭以致四时日月，封国则以土②地。

——《周礼·春官·典瑞》

注释：

①〔典瑞（diǎnruì）〕周代特设的专职管玉机构。根据《周礼》记载，典瑞有固定的编制，有中士、府、史、胥、徒等级别。

②〔土（tǔ）〕测量土地。

译文：

典瑞掌管收藏玉瑞和玉器，辨别它们的名称、物色，以及运用它们的标准、场合……用土圭测量四季的日影月影，分封诸侯国时则用土圭来度量土地。

二、博物致知

圭表的特点和用途

在古代，还没有发明钟表，人们根据日月星辰的出没估计时间；后来他们观察到阳光下树影、房影的移动，进而用"立竿见影"的方法创造了最初的"土圭"，随后又有了"圭表"。然而一天之内日影在水平地面上移动的速度并不均匀，只有每天正午时刻，圭表显示的时间才是最准确的。后来，古人发现了这个问题，并在圭表的基础上制造出了日晷来更准确地计时。

中原大地幅员广阔，人们发现，在不同的地点，即使是同一天同一个时刻，用相同高度的杆子去测量日影，得到的日影长度和方向也会略有不同。于是，圭表又被用来测量土地方位（以上文献记载的就是这种方法）。

在一年中，不同日期的正午时刻，日影长度也是不一样的，而且到了第二年的同一天正午日影长度也不一样，直到第五年日影长度才会完全相同，这中间经过了 1461 天，古人将 1461 天除以 4，就得到了一年的平均长度——365.25 天，这与我们现在的公历是完全一致的。

此外，古人把一年中正午时刻日影最长的那天定为冬至，把日影最短的那天定为夏至，再以 15 天为间隔，定出了指导农业生产的二十四节气，这种方法叫"平气法"。

二十四节气表

春	立春 2月3日—2月5日	雨水 2月18日—2月20日	惊蛰 3月5日—3月7日
	春分 3月20日—3月22日	清明 4月4日—4月6日	谷雨 4月19日—4月21日
夏	立夏 5月5日—5月7日	小满 5月20日—5月22日	芒种 6月5日—6月7日
	夏至 6月21日—6月22日	小暑 7月6日—7月8日	大暑 7月22日—7月24日
秋	立秋 8月7日—8月9日	处暑 8月22日—8月24日	白露 9月7日—9月9日
	秋分 9月22日—9月24日	寒露 10月8日—10月9日	霜降 10月23日—10月24日
冬	立冬 11月7日—11月8日	小雪 11月22日—11月23日	大雪 12月6日—12月8日
	冬至 12月21日—12月23日	小寒 1月5日—1月7日	大寒 1月20日—1月21日

✿ 圭表的表高 ✿

历代的圭表，其结构基本相同，不像浑仪、漏刻等仪器那样有较多的演变。有变化的主要是表高和用材。高度大部分为 8 尺，材质则有木、石、铜等，以铜质为多。

最初的圭表高 8 尺，这是周代的尺寸。换算成现代的高度，1 周尺大约相当于 23 厘米，8 尺约等于 184 厘米，与人的身高相近。为什么表高不是其他长度呢？我们可以在《周髀算经》（我国最早记录"勾股定理"的书）中找到答案。书中写到"若勾三，股四，则弦五"，也就是说按照 3 : 4 : 5 的比例去搭三角形，始终能得到一个直角三角形。而圭表要求表必须与圭（水平面）垂直，因此表高采用 8 尺，圭长用 6 尺，测量出它们的斜边长 10 尺时，表就与圭垂直了。

◔ 圭表安装与结构的改进 ◔

北京古观象台的明代圭表
（圭上刻有水槽）

圭表的正确安装位置是：表在竖直方向，圭在水平面上且位于南北方向。前者可以用勾股定理去解决（后来有了铅垂线就更容易解决了），后者要保持水平，就成了圭表安装的一个重要问题。

在圭面开水槽，注水来使圭面保持水平，这种方法很早就使用了。江苏仪征出土的东汉铜圭表的圭面，四周就有长方形的水槽。

北宋沈括在《景表议》中，还提到了把圭表放在顶上沿南北方向开有狭缝的密室内进行观测的措施，以避免尘埃漫射阳光的影响。

◔ 圭表测量精度的改进 ◔

在圭表测日影工作中，做出突破性改革的是元代郭守敬的四丈高表与景符。河南登封古观星台是四丈高表现存实物。台体上的竖直凹槽为表，凹槽顶端设横梁，地上铺石圭。在编制历法、测定节气等工作中，要提高表影的测量精确度，增加表高可以使影长相应增长，如此则可减少测量影长的相对误差。但由于太阳光源不是一个点光源，是一个面光源，照射表端产生边缘模糊的半影区，表高影长，会导致表影顶端影像模糊，难以准确测量。郭守敬利用小孔成像原理，借助景符（一个中心有小孔的小铜片）消除表端影虚。圭面上放置景符透影，与太阳光直射方向垂直，沿圭面滑动寻找高表顶端的横梁投射在圭面上的清晰影子，使二者重合，从而可以精确测量太阳中心的影长。高表配上景符，使得圭表测日影的精确度大为提高，达到历史上的最高水平。后来，明清两代都仿制使用这种圭表。

河南登封古观星台

三、博古通今

圭表的功能非常多样，既能测量所处的位置，也能确定方向，还能测量一个回归年的长度、确定二十四节气，等等。由圭表而定下的"二十四节气"已经成为中华民族悠久历史文化的重要组成部分，凝聚着中华文明的历史文化精华。在国际气象界，"二十四节气"被誉为中国古代的"第五大发明"。2016 年 11 月 30 日，中国申报的"二十四节气——中国人通过观察太阳周年运动而形成的时间知识体系及其实践"被正式列入联合国教科文组织人类非物质文化遗产代表作名录。

随着科技的不断发展进步，人类发明了更便捷、更精确的工具来代替圭表实现这些功能。比如，测量所处的位置和确定方向可以使用全球定位系统（GPS）或者北斗卫星导航系统。

北斗卫星导航系统是我国自行研制的全球卫星导航定位，是继美国的全球定位系统（GPS）和俄罗斯的格洛纳斯卫星导航系统（GLONASS）之后第三个成熟的卫星导航系统。系统由空间端、地面端和用户端组成，可在全球范围内全天候、全天时为各类用户提供高精度、高可靠定位、导航、授时服务。

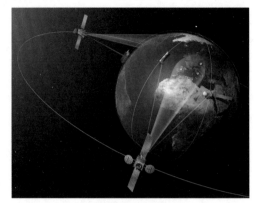

北斗导航卫星

四、博识广践

了解了圭表的结构后，我们可以用简单易得的各种材料来进行仿制。接下来我们介绍一种主要用棒冰棍来制作圭表的方法。

材料与工具

材料：棒冰棍2根，宽窄各一（以长15厘米、宽1.8厘米、厚0.17厘米和长9.3厘米、宽1厘米、厚0.2厘米尺寸的棒冰棍为例）。

工具：直尺、美工刀、笔、胶水、砂纸。

（注意：使用工具时务必注意安全，须在家长监护下操作。）

① 制作圭

将宽的棒冰棍作为圭，窄的棒冰棍作为表。用笔和尺在圭上画出零刻度线和刻度（单位：厘米）。

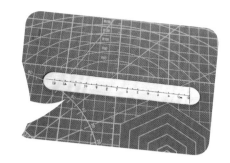

② 制作表

从窄棒冰棍上截下各1.5厘米长的两段，用胶水将截取的木块粘在窄棒冰棍的底部。表就制作完成了。

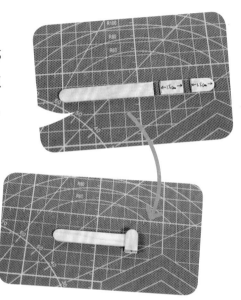

③ 组装圭表

用胶水将表粘在表的零刻度线上。要求：表与圭垂直，表与零刻度线重合。圭表就制作完成了。

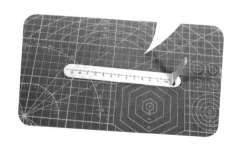

扫码观看视频

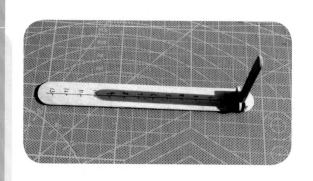

在日光下观察一下圭表上的日影。

拓 展 思 考

请根据日历，在二十四节气中选择一个与当前日期比较接近的节气，在自制的圭表上记录该节气对应的日影长度。（注意：选择的节气当天是晴天的情况下，更有利于日影的测量。）

（扫描第 62 页二维码可见参考答案）

日晷

日晷是根据太阳对晷针（表）在盘面上的投影方向来确定时刻的仪器，测量的是真太阳时。"晷"的本意是日影。历代史书的天文志、律历志中说的"日晷"，起初是指在某个节气时的表影长度，后来才专门用"日晷"来指代以日影测定时刻的仪器。

清华大学日晷

一、博学于文

在"圭表"中，我们提到过，在中国，日晷是在圭表的基础上改进而来的。圭表的功能很多，但计时不准确。日晷则是专门用来测量准确时间的仪器。两者在什么时候真正分离开来，目前还没有定论。史书中最早出现日晷是在《汉书·律历志》中，但没有提到用它来测量时间，只说了用它来测日影。在《隋书·天文志》中，最早记载了使用日晷来校正漏刻计时的方法。

文献一

南仲[①]尝谓古人揆景[②]之法，载之经传杂说者不一，然止皆较景之短长，实与刻漏未尝相应也。其在豫章为晷[③]景图，以木为规，四分其广而杀[④]其一，状如缺月。书辰刻于其旁，为基以荐之，缺上而圆下，南高而北低。当规之中，植针以为表，表之两端，一指北极，一指南极。春分以后，视北极之表；秋分以后，视南极之表，所得晷景与刻漏相应。自负此图，以为得古人所未至。予尝以其制为之，其最异者，二分之日，南北之表皆无景，独其侧有景。以其侧应赤道，春分以后，日入赤道内；秋分以后，日出赤道外，二分日行赤道，故南北皆无景也。其制作穷赜[⑤]如此。

——〔南宋〕曾敏行《独醒杂志》

注释：

①〔南仲（Nánzhòng）〕北宋天文学家曾民瞻的字。他改进了晷漏的制造方法。

②〔揆景（kuíyǐng）〕揆，度量。景，"影"的古字，影子。测量日影，以定时间或方位。

③〔晷（guǐ）〕指日晷，利用太阳投射的影子来测定时刻的装置。

④〔杀（shā）〕除去。

⑤〔穷赜（qióngzé）〕穷究深奥的道理。

译文：

（曾）南仲曾经说过，古人测量日影来计时的方法，记载在各种书本上的有许多，但都只比较日影的长短，没有与漏刻的计时对应起来。他在豫章（古代地名，大致相当于现在的江西北部地区）作晷影图，用木头做圆盘，把圆盘四等分，去掉四分之一，形状像残缺的月亮。在四周写上时辰时刻，做基座来安装圆盘，把缺的部分放在上面，圆的部分放在下面，靠南的一侧高，靠北的一侧低。在圆盘当中装上针作为表，表的两端，一端指向北天极，一端指向南天极。春分之后，看指向北天极的表影；秋分之后，看指向南天极的表影。所得到的日影显示的时刻与漏刻显示的时刻相对应。他自认为这种方法是古人没有做过的。我曾经用他的方法制作日晷，最特别的是，在春分、秋分两天，南北两表都没有日影，只有侧面有日影，因为它的侧面与天赤道平行，春分之后，太阳进入天赤道以北；秋分以后，太阳进入天赤道以南，春分、秋分日太阳刚好在天赤道上，所以南北两表都没有日影。他的设计真的是穷究深奥啊。

文献二

求仙不在炼金丹，轻举由来别有门。
日晷未移三十刻①，风骚②已及四千言。
——〔唐〕方干《赠上虞胡少府百篇》节选

注释：

①〔三十刻（sānshí kè）〕刻为计时单位。古人将一昼夜分为一百刻，一刻约为15分钟，我们现在所说的"一刻钟"即由此而来。三十刻为将近7.5小时。

②〔风骚（fēngsāo）〕风指《诗经》里的《国风》，骚指屈原所作的《离骚》。后代用来泛称诗文。

译文：

成仙不在于炼制丹药，飞升（成仙）还有别的门道。日晷还没有走过三十刻，诗文已经写了四千字。

二、博物致知

《独醒杂志》中记载的日晷是赤道式日晷，这是我们中国独有的日晷样式。根据英国人李约瑟在《中国科学技术史》里的论证，日晷在中国和欧洲是各自独立发展的，而且样式不同。直到 15 世纪—17 世纪欧洲进入大航海时代，西方传教士带来了欧洲的日晷并把中国的日晷带回去，中西方才开始互相学习对方的日晷样式。

日晷的分类与结构

日晷一般分为三种类型：赤道式日晷、水平式日晷和垂直式日晷。不论哪种类型，日晷都包括晷面、晷针和底座三部分。

赤道式日晷

赤道式日晷是由于晷面与天赤道平行而得名，它的晷针一端指向北天极，一端指向南天极。在晷面的正反两面都刻有均匀的时间刻度，方便在春分和秋分以后分别在正面和反面读取时刻。

虽然各类日晷因地制宜，各有所长，但是李约瑟特别强调：赤道式日晷是所有日晷中最准确的一种。

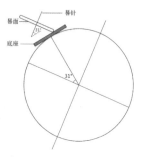

赤道式日晷及其放置示意图

水平式日晷

水平式日晷（又称"地平式日晷"）的晷面处于水平面，晷针指向北天极。晷面上的刻度是不均匀的。

水平式日晷

垂直式日晷

垂直式日晷一般安装在建筑的外墙上，而且通常是朝南的墙面。墙面就是它的底座，晷面与水平面垂直，晷针指向南天极。晷面上的刻度也是不均匀的。

垂直式日晷

❧ 日晷的特点 ❧

古人遵循"日出而作，日入而息"的作息规律，白天是人们的主要活动时间，因此白天计时是人们迫切需要的。日晷就应运而生了。它不用电，不用上发条，计时准确，只要有太阳就能工作。

然而，在有些情况下，日晷是不能计时的。比如《独醒杂志》提到春分、秋分两天，日晷无法计时。此外，阴雨天、日全食，都会影响日晷的正常工作。

另外，需要注意的是，日晷是不能直接搬到纬度不同的地方去使用的。历史上，明成祖朱棣把首都从南京迁到北京时，把南京的日晷也带到了北京，结果发现计时不准，于是重新造日晷。

三、博古通今

日晷长期以来一直是我国古代主要的计时工具。明代时，西洋机械钟开始传入我国。其中，万历年间，意大利传教士利玛窦来到北京，他进奉给万历皇帝世界地图、铁丝琴和自鸣钟等30余件礼物。当时朝廷规定外国人进贡之后要限期离境，可是精巧奇异的西洋自鸣钟令万历皇帝爱不释手，他担心自鸣钟一旦损坏无人修理，遂特许利玛窦定居京城，随时进宫调试钟。以后，清代康熙、乾隆皇帝对自鸣钟都很喜爱。机械钟从宫廷到民间逐渐流行。

由于单摆擒纵器等先后被用于机械钟的设计，因此机械钟的计时精确度比日晷大大提高。然而，机械钟设计复杂、维修困难，因此在刚传入中国时，只有官绅富商才买得起。随着苏州、广州等地的工匠仿制出一大批具有中国特色的机械钟，钟表才开始在中国普及。

从工作原理上看，日晷和机械钟完全不同，甚至连两者测量的时间也不是完全相同。日晷测量的是真太阳时，机械钟测量的是单摆的振动周期。从这一点来看，机械钟与漏刻更加相似。机械钟和日晷的相似之处在于

故宫所藏19世纪法国灯塔式座钟

外观，它们都有表盘和指针。

直到 20 世纪 20 年代，最精确的时钟还是依赖于钟摆的有规则摆动的机械钟。取代它们的更为精密的时钟是基于石英晶体固有的稳定振荡频率而制造的石英钟，这种时钟的计时误差不大于每天十万分之一秒，也就是差不多每 270 余年误差才有 1 秒。即使如此精确，但它仍不能满足科学家们研究的需要。原子钟是由原子能级跃迁吸收或发射频率异常稳定的电磁波作为频率标准制成的高精度计时仪器，精度一般可达每 100 万年误差不大于 1 秒。目前，有的原子钟精度已达到 2000 万年才误差 1 秒，甚至有的已达到 150 亿年才误差 1 秒。原子钟是世界上已知最准确的时间测量和频率标准，用来控制电视广播和全球定位系统卫星的讯号。GPS 和北斗导航卫星上都使用了原子钟来计时。

四、博识广践

了解日晷的相关结构后，我们可以用简单易得的各种材料来进行仿制。接下来我们介绍用硬纸板和一次性筷子来制作赤道式日晷的方法。

材料与工具

材料：硬卡纸 1 张、A4 纸 1 张、一次性筷子 1 根。

工具：笔、圆规、胶水、锥子、美工刀、剪刀、直尺、量角器、砂纸。

（注意：使用工具时务必注意安全，须在家长监护下操作。）

① **画出晷面**

在 A4 纸上画两个半径为 5 厘米的圆，并在圆上作两条互相垂直的直径，取其中一条直径与圆的一个交点作为 0 点的刻度。使用量角器，每隔 15° 画一个刻度。在两个圆上分别以顺时针和逆时针的顺序，在刻度上标上 0 点到 23 点的时刻。顺时针标时刻的圆作为日晷的正面，逆时针标时刻的圆作为日晷的反面。在 A4 纸上将日晷的正反两面剪下来。

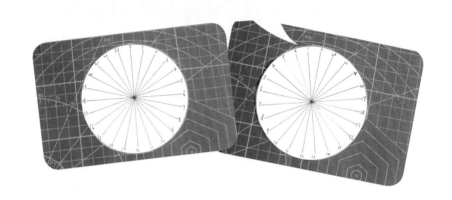

② **制作晷面**

将日晷的一面用胶水粘贴在硬卡纸上，沿它的轮廓从硬卡纸上剪出一个圆。

将日晷的另一面粘贴在圆的反面，注意要使两面的 0 点和 12 点的时刻保持对齐。日晷的晷面就完成了。

扫码观看视频

③ 制作晷针

在木筷上截取长 9 厘米的一段，作为日晷的晷针。在 3 厘米处作标记。

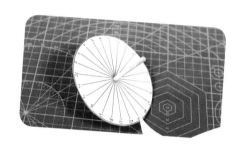 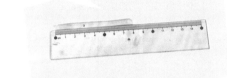

④ 组装日晷

以上海为例，晷面与水平面的夹角必须等于上海的纬度（北纬 31.5°）。

用锥子在日晷晷面的中心钻孔，注意孔的直径不要超过木筷的直径。将截下的一段木筷插入小孔中。注意使日晷正面的晷针长度为 5 厘米，反面的晷针长度为 3 厘米。赤道式日晷就制作完成了。

将日晷的正面朝向正北方向，放在阳光下，对照钟表的时刻看一下我们制作的赤道式日晷所指的时刻是否准确。

拓 展 思 考

　　1. 史书中最早记载日晷的是《隋书·天文志上》："至开皇十四年，鄜州司马袁充上晷影漏刻。充以短影平仪，均布十二辰，立表，随日影所指辰刻，以验漏水之节。十二辰刻，互有多少，时正前后，刻亦不同。"根据古文中日晷的形状，结合书中关于日晷类型的知识，请你对上文的记述进行思考，回答以下问题：袁充的日晷为什么会测不准时间？

　　2. 日晷属于天文观测计时工具，请你思考一下，它与漏刻在测量时间的方式上有什么不同？

（扫描第 62 页二维码可见参考答案）

浑仪

在认识宇宙的过程中，人们最早是从天体在天空中的位置以及这些位置随时间变化的规律中找到季节的规律，来为生活和农业服务。研究和测定天体的位置和运动，并建立基本天文参考坐标系，精确测定时间和地面点坐标的科学，就是天文学中古老的分支之一——天体测量学的内容。

它研究天体位置及其变化与地球上季节的关系，年月日时间的安排，地面上的位置及方位等。由于地球的自转运动和公转运动，人们发现日、月等天体的位置有明显的变化，行星、恒星在天空中有着明显的运动，而且人们注意到这些运动存在着各种规律。比如，恒星位置在一夜中的变化、在一年中的变化是有规律的。起初，人们直接用肉眼观测天体在天空中的位置，但只能得到粗略的位置。人们迫切需要一种可以在任何方位上瞄准天体并测量天体之间角度的仪器。

浑仪的雏形经过长期的发展，不断地改进，才由原始的测量仪器发展趋于完善。

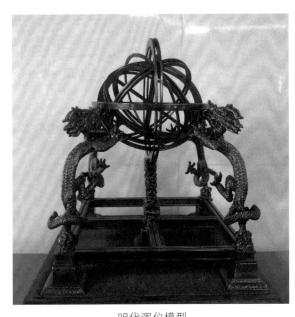

明代浑仪模型

一、博学于文

中华民族自古以农业为立国之本。农业生产受到自然季节变化规律的支配。春季播种，夏季耕耘，秋季收获，冬季贮藏，农事活动总要与季节变化紧密配合。因此，历代统治者都把观测天象、编制历法、颁布历书当作头等大事，让百姓知晓时令变化，不误农时。在古代中国，正是历法的编算带动了整个天文学的发展。

编制历法依赖精密地观测星象。古代中国的天文学家们对于观测天象十分勤勉细致，留下了丰富可靠的星象记录。勤勉，靠的是坚持不懈的毅力。细致，靠的是先进的观测工具。中国古代的天文学家用来观测星象的最重要的工具是浑仪。在望远镜发明以前，浑仪是世界上最先进的天文观测工具。

文献一

贞观初，淳风[1]上言："舜在璿玑玉衡[2]，以齐七政[3]，则浑天仪也。《周礼》，土圭[4]正日景[5]以求地中，有以见日行黄道之验也。暨[6]于周末，此器乃亡。汉落下闳[7]作浑仪，其后贾逵、张衡等亦各有之，而推验七曜[8]，并循赤道。按冬至极南，夏至极北，而赤道常定于中，国无南北之异。盖浑仪无黄道久矣。"太宗异其说，因诏为之。至七年仪成。……帝称善，置于凝晖阁，用之测候。阁在禁中，其后遂亡。

——〔北宋〕欧阳修等《新唐书·天文志》

注释：

①〔淳风（Chúnfēng）〕即李淳风，唐代天文学家、数学家。

②〔璿玑玉衡（xuánjī yùhéng）〕古代玉饰的观测天象的仪器。亦作"琁玑玉衡""璇玑玉衡"等。

③〔七政（qīzhèng）〕指日、月与金、木、水、火、土五星。

④〔土圭（tǔguī）〕也称圭表。古代测量日影长度，用以定节气、时刻、方向和测度土地的仪器。

⑤〔日景（rìyǐng）〕景，"影"的古字，影子。日影。

⑥〔暨（jì）〕到。

⑦〔落下闳（Luòxià Hóng）〕人名，西汉天文学家。

⑧〔七曜（qīyào）〕指日、月与金、木、水、火、土五星。

译文：

贞观初年，李淳风向皇帝进言："《尚书·舜典》中记载'舜观察璿玑玉衡，用来整理归纳日月和金木水火土五星运行的规律'，说的就是浑天仪。《周礼》中记载，用土圭测日影的方法来确定大地的中央位置，已经看到了太阳在黄道上运行的证据。到了周朝末年，这种仪器失传了。汉代落下闳制作浑仪，后来贾逵、张衡等人也各自做了浑仪，推测验证日月和金木水火土五星一起沿着天赤道运行。按照冬至太阳在最南，夏至太阳在最北，而天赤道一直设定在两者的中间位置，地区没有南北的差异。这是因为浑仪上一直没有设置黄道。"唐太宗觉得他的说法很特别，于是下诏书让他制造浑仪。过了七年，浑仪作成。……皇帝表示赞赏，将其放在凝晖阁，用来测量时节。凝晖阁在皇帝居住的宫殿内，后来再也找不到这具浑仪了。

文献二

《春秋文耀钩》曰："唐尧即位，羲和立浑仪。"《刘氏历》曰："高阳造浑仪，黄帝为盖天。"则浑仪始于高阳氏也。至舜则琁玑玉衡①，以齐七政。

——〔宋〕高承《事物纪原·正朔历数部·浑仪》

注释：

①〔琁玑玉衡（xuánjī yùhéng）〕古代玉饰的观测天象的仪器。亦作"璇玑玉衡""璿玑玉衡"等。

译文：

《春秋文耀钩》中记载："唐尧即位以后，羲和设立了浑仪。"《刘氏历》认为："高阳氏制造出浑天仪，黄帝创立盖天说。"那么浑天仪是创始于高阳氏。到了舜的时代就用璇玑玉衡来整理归纳日月和金木水火土五星运行的规律。

二、博物致知

浑仪的演变

浑仪由一重重的同心圆环圈构成，它的各个部件都有专门名称。它的改进和完善，经历了由简而繁，又由繁而简的过程。

从汉代到北宋，浑仪的环数不断增加。首先增加的是黄道环，用以观测太阳的位置。接着又增加了地平环和子午环，地平环固定在地平方向，子午环固定在天体的极轴方向。这样，浑仪便形成了二重结构。

自唐代李淳风开始，浑仪发展成三重结构。多重环结构的浑仪虽是一项杰出的创造，在天文学史上也起过重要的作用，但也存在缺陷。一则圆环众多，要组装精确，难度很高，易造成观测偏差。二则每个环都会遮蔽一定的天区，叠加后妨碍观测。因此，自北宋开始就有人探索浑仪的改革简化途径，这一途径由北宋的沈括开辟，元代的天文学家郭守敬完成。郭守敬将其简化，创制了简仪。

浑仪的结构

浑仪从外到内的三组部件这样命名：最外层称为六合仪，中间一层称为三辰仪，最里层称为四游仪。

六合仪

因上下和东西南北四方称为"六合"，泛指天下或宇宙，故名。六合仪是浑仪的最外一层环圈，也兼作支架，由四环三圈组成。我们把铜制的圆环（即仪器构件）称为环，而把与它相对应的天球坐标系中的基圈称为圈。四环三圈就是由代表三个基圈的四个圆环组成。

1. 地平环，水平放置，代表地平坐标系中地平圈的环。环上面刻有方位标志分划，用来表示被观测天体在地平坐标系中的方位角。

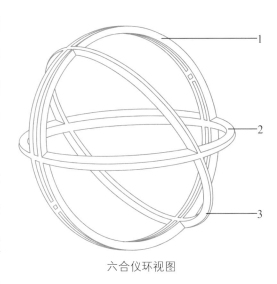

六合仪环视图

2. 子午双环，与子午圈平行的两个平行并列的环。双环之间留有一定宽度的缝隙，以使从瞄准器向子午圈方向观测时，视线可以从缝隙中穿过而不被阻挡。环上刻有圆周刻度。

3. 赤道环（天常环），平行于赤道坐标系中天赤道圈的环。环上刻有刻度，可以从环上读取时刻。为了与三辰仪中的赤道环有所区分，又被称为天常环。

上述四环内外径都相等，在交点处联结固定。子午双环在南北两个天极方向上联结，并各开有小圆孔，以便使中、内两层环圈的轴可以穿在孔内。这两个小孔中心的连线就是天球的极轴（相当于地球的自转轴）。地平环安装在基座上，基座上刻有一圈水槽，使用时需要注水，以使基座保持水平。由于北天极的高度角等于该地的地方纬度，所以六合仪上三圈之间的相对位置需要根据安放仪器的地方纬度而定，仪器搬运到其他地方后，各圈需要重新调整相对位置。

三辰仪

"三辰"指日、月、星。三辰仪是浑仪中间一层的环圈，由黄道环、赤经环和赤道环组成，它们代表赤道坐标系中的黄道圈、两个赤经圈和天赤道圈。这组环圈的外径略小于六合仪的内径。

1. 北天极

2. 南天极

3. 赤道环，与天常环（即六合仪中的赤道环）在同一个平面内，天常环是固定于支架的，而赤道环可以与三辰仪中其他环圈一起绕极轴旋转。沿赤道环刻有圆心角的分划，还刻有二十八星宿在天赤道上相应位置的标志。

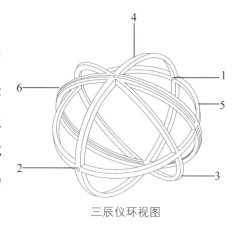

三辰仪环视图

4. 通过二分（春分、秋分）点的赤经环

5. 通过二至（夏至、冬至）点的赤经环，与通过二分点的赤经环成90°角。

6. 黄道环，与赤道环相交成黄赤交角的度数，两相交点对应于天球上的二分点。在黄道环上也刻有二十八星宿在黄道上相应位置的标志。有的黄道环也采用平行双环的结构，以观测太阳在黄道上的位置。

（注意：严禁用肉眼直接看太阳，会灼伤眼睛。）

上述四个环在相交处互相联结，成为一个整体。在南北两天极处开有小孔，用两根短轴分别插入小孔中，就可以将三辰仪安装在六合仪内，并可以绕着极轴转动。

四游仪

四游仪是浑仪最内层的环圈，由一对平行双环和一个瞄准管（窥管）构成。双环的外径略小于三辰仪的内径，使它可以在三辰仪中转动。

1. 双环

2. 瞄准管（窥管）

双环的每个环上各有一片宽度、厚度相同的铜片贯穿圆心（铜片相当于圆环的直径）。把两个环平行安放，中间留一条缝隙，两片铜片处于同一位置，在铜片的两端将双环联结，联结处各开一个小圆孔。在两片铜片的中央位置（相当于圆环的圆心）各开一个小圆孔，将一根与双环直径等长的方形瞄准管夹在双环中间，用两个小短轴穿过铜片的小孔，固定住瞄准管。瞄准管可以绕双环圆心自由转动。

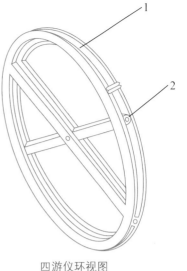

四游仪环视图

双环上刻有度数分划，相当于可以自由转动的赤经圈，从上面可以读出天体的赤纬度数。

将双环铜片两端的小圆孔对准三辰仪南北两天极的小圆孔，用短轴固定。四游仪就可以在三辰仪内绕着极轴在东西方向旋转，瞄准管（窥管）可以在南北方向上转动，这样就可以对准天上的任何一颗天体，测量出它在天球上的位置了（如果仪器调校得足够精准的话，理论上观测时看不到的只有被连接固定的短轴遮挡的南天极和北天极两个极点上的星星，北极星因为不是正好在北天极上，所以也是可以被看到的）。

三、博古通今

浑仪是以浑天说为理论基础制造的、由相应天球坐标系各基本圈的环规及瞄准器构成的古代天文测量天体的仪器。

浑仪的制造始于汉代落下闳。到了唐代，天文学家李淳风设计了一架比较精密完善的浑天黄道仪。

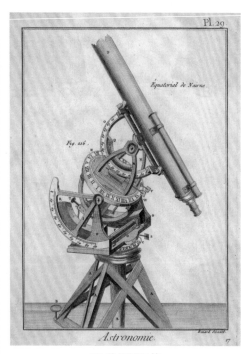
18世纪望远镜

明代末年，望远镜传入我国。望远镜具有放大功能，可以更精确地测量天体在天空中的位置。在天文望远镜的赤道仪上，仍然能看到跟浑仪类似的赤经赤纬刻度。在使用天文望远镜的时候，只要把赤道仪的刻度调到天体在天空中的赤经赤纬坐标，在寻星镜里大致找到恒星，再利用微调螺杆进行调整，就能在目镜里看到天体了。反过来，如果天文学家或者天文爱好者在天空中发现了新的天体，只需要从赤道仪的刻度上记录下赤经赤纬坐标，就能记录下新天体在天空中的位置，方便其他天文学家一起观察验证。

到了现代，天文望远镜已经发展出许多种类，有光学望远镜、射电望远镜、红外望远镜、紫外望远镜等。其中光学望远镜最常见，历史最悠久，又分为折射式望远镜、反射式望远镜和折反射式望远镜三类，它们的赤道仪已经十分精简，但还保留着赤经赤纬的刻度盘。

现代天文望远镜

四、博识广践

了解浑仪的相关结构后，我们可以用简单易得的各种材料来仿制其中的四游仪，接下来我们介绍一种用常见材料来制作四游仪的方法。

✁ 材料与工具

材料：A4 纸 1 张、硬纸板 1 块、吸管 1 段、工字钉 4 个。

工具：笔、圆规、胶水、美工刀、剪刀、直尺、量角器。

（注意：使用工具时务必注意安全，须在家长监护下操作。）

① 画出平行双环

在 A4 纸上用圆规画两个同心圆，直径分别为 10 厘米和 8.6 厘米。在距离圆心 0.3 厘米处画两条平行的弦，这就是四游仪的一个平行环。然后在圆环上，用量角器每隔 5° 画 1 个刻度。用同样的方法画出另外一个平行环。最后再画两个边长为 0.5 厘米的正方形。

扫码观看视频

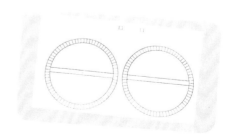

② **制作平行双环**

把 A4 纸粘贴在硬纸板上。等胶水完全干了以后，用
美工刀和剪刀将平行双环和两个正方形剪切下来。

③ **组装四游仪**

将平行双环互相重叠，中间放上吸管，作为窥管，并用工
字钉在圆心处固定。然后，在平行双环的直径与圆环相交处，
粘贴上 2 个正方形。在正方形的中心处再扎两个工字钉。

这样四游仪就仿制完成了。其中的窥管可以转动。

拓 · 展 · 思 · 考

请去图书馆或者上网查找
关于郭守敬的简仪的文献记录。
说说郭守敬的简仪与浑仪相比，
"简"在哪里？可以从两种仪器的
结构、使用方法等方面进行说明。

简仪模型

（扫描第 62 页二维码可见参考答案）

后记

在"五育融合"的教育大背景下，为积极探索校外科技教育与劳动教育共融共促的区域模式，我们编写了《始于劳作 成于创造》一书，与编写中的《始于传承 成于创新》《始于生活 成于创意》一起组成"中华古代科技智慧知与行"系列，希望以一种全新的阅读方式传播博大精深的中华传统文化，拓展学生的视野，培养其实践创新能力，进一步增强其文化自信。

十多年前，上海市杨浦区青少年科技站（以下简称"少科站"）发起了一项方案征集活动，当时一份名为"走近古代劳动机械"的方案因其集机械原理学习、古籍赏析和传统文化教育于一体的特点令人眼前一亮。之后的十余年里，我们一直致力于综合实践课程的探索。随着内容不断充实，我们编者愈发认识到我国作为世界文明古国和农业生产大国，除了影响人类文明进程的"四大发明"之外，其实单在农耕文化中诞生的充满巧思的结构设计数量就已相当可观。于是，在追求"还原与体验""认知与创新"双效能的前提下，我们最先从"农耕机具"和"测量工具"入手取材，进行分类筛选，继而构成本书的两大篇章，力图涵盖传统农耕的播种、灌溉、收获、加工等环节，力求较多涉及我国传统测绘技术的历史成就。

当然，一份单薄的方案不会自己生长变"厚"，一个美好愿景的实现往往需要时光的积淀。十多年的实践积累，凝聚了众多一线教师的共同努力，形成了包含本书和即将出版的另两本书在内的"中华古代科技智慧知与行"系列的三大主题,正所谓"十年磨一剑"。如今最先呈现给广大读者的本书结构为"博学于文""博物致知""博古通今""博识广践"。

——"博学于文",在与主题有关的古籍文献中挑选出适合青少年读者的章节,并提供必要的注音、注释和译文,以期让青少年通过独立的阅读和理解,体会中华文化的博大精深,体味语言文字的古韵魅力;

——"博物致知"与"博古通今",分别尝试从科学和历史两个视角诠释主题,力求启发青少年读者在科技知识的学习过程中,进一步懂得传承与创新的意义;

——"博识广践",担纲引导青少年读者追求"知行合一"的任务,指导他们善于在生活环境中选择随处可得的原材料,跟随本书的示范,用自己的双手去靠近、实践、体认古人的智慧,提升动手实践能力,启迪创新创造智慧,增强民族自豪感。

本书在结构的确立和内容的甄选上,努力渗透编者对于新时代青少年科普教育的理解,也融合少科站对于"五育融合"区域青少年科普教育新模式的尝试。但由于视界和水平有限,书中难免有不足之处,欢迎指正。

《始于劳作 成于创造》在策划编写过程中有幸得到了上海市杨浦区教育局的大力支持。现在终于要出版了,特别感谢上海理工大学缪煜清教授给予本书科学性上的指导,感谢复旦大学附属中学特级教师王白云老师对于本书结构、文字规范性和文学释义上的指点,感谢华东师范大学第二附属中学耿添舒老师在汉语言文字修订中的助力,感谢所有关心支持、为本书的编写提供帮助,以及指导和支持少科站发展的领导、专家、同仁。

本书编写组

2021 年 5 月